国家自然科学基金项目资助(61601172)
中国博士后科学基金面上项目资助(2018M641287)
河南省科技攻关项目资助(0624460012)

基于小波分析及数据融合的电气火灾预报系统及应用研究

余琼芳　著

U0338133

中国矿业大学出版社

·徐州·

内 容 提 要

本书主要介绍基于小波分析及数据融合技术的电气火灾预报系统设计实现及推广应用研究。本书内容主要包括五个部分:第一部分介绍电气火灾形成机理及特征分析,指出故障电弧是目前火灾错漏报的主要和重要原因;第二部分分析故障电弧检测技术原理及方法,运用小波函数对故障电弧电流信号进行小波奇异性分析,提出周期性奇异点检测故障电弧算法,分析该故障电弧检测算法的可行性和有效性;第三部分结合故障电弧检测运用多信息融合技术完成电气火灾特征信息融合,实现电气火灾辨识,较好完成电气火灾预报,有效避免火灾误报和漏报率;第四部分实现基于故障电弧和多信息融合的电气火灾预报警系统设计,完成上下位机及监控系统实现;第五部分简要介绍系统推广应用。

本书可供从事电力系统安全及故障诊断、信息融合的科研人员、研究生参考,也可供电力及自动化行业相关工程技术人员及消防控制研究人员研究参考。

图书在版编目(CIP)数据

基于小波分析及数据融合的电气火灾预报系统及应用研究 / 余琼芳著. — 徐州 : 中国矿业大学出版社,2024. 11. — ISBN 978 - 7 - 5646 - 6522 - 7

Ⅰ. TM08

中国国家版本馆 CIP 数据核字第 2024B5M740 号

书　　　名	基于小波分析及数据融合的电气火灾预报系统及应用研究
著　　　者	余琼芳
责任编辑	仓小金
出版发行	中国矿业大学出版社有限责任公司
	(江苏省徐州市解放南路　邮编 221008)
营销热线	(0516)83885370　83884103
出版服务	(0516)83995789　83884920
网　　　址	http://www.cumtp.com　E-mail:cumtpvip@cumtp.com
印　　　刷	徐州中矿大印发科技有限公司
开　　　本	787 mm×1092 mm　1/16　印张 10.25　字数 262 千字
版次印次	2024 年 11 月第 1 版　2024 年 11 月第 1 次印刷
定　　　价	48.00 元

(图书出现印装质量问题,本社负责调换)

前　　言

　　火推动了人类社会的文明进步,而火灾却给人类带来了巨大的危害。现代社会工业电气化的发展也给火灾的发生提供了更大的可能性。多年来,电气火灾的数量一直呈现居高不下的局面,而且损失惨重的重特大火灾一定程度上也由电气火灾造成。传统的火灾检测由于技术上的限制,不能区别火灾与电气火灾,而其探测技术也基本是用单一或二元传感器的信号探测,信号处理方法基本上是阈值法或只进行简单的数据处理。因此,火灾信号的多变性和探测器的固定单一性之间的矛盾使得误报、漏报现象十分普遍。

　　为了寻找更为合适的电气火灾检测方法,本书深入剖析了电气火灾形成机理,在分析出电弧(电火花)和高温为电气火灾火源的根本原因的基础上,提出了将故障电弧检测引入到电气火灾探测而实现电气火灾的预警功能的想法。

　　为了找到快速检测交流故障电弧的方法,笔者深入研究了故障电弧的形成机理,并对故障电弧特性进行了实验研究。搭建了交流故障电弧模拟实验台,对不同负载形式下的交流故障电弧电压、电流波形分析后发现,交流电弧在燃烧过程中有明显的"零休现象","零休现象"这一故障电弧的特性,给故障电弧的检测指明了方向。

　　本书运用小波函数对故障电弧电流信号进行了小波奇异性分析。构造了正交二次样条小波为小波函数,利用多孔算法的二进小波变换实现了快速小波变换算法。故障电弧周期零休的特征信息用小波分析时表现为周期性的奇异点,因此提出了周期性奇异点检测故障电弧的新算法,并分析了该故障电弧检测算法的可行性和有效性。

　　在检测故障电弧发生的基础上,对电气火灾早期现场的温度、烟雾、CO 浓度进行实时监测,运用多信息融合技术完成对所探测的电气火灾特征信息的融合,实现电气火灾辨识。设计了基于故障电弧的信息融合的三层模型,并运用我国标准火数据以及典型干扰数据,在 MatLab 环境下进行了实验仿真,仿真结果表明,该融合模型能够很好地完成电气火灾的快速准确报警,有效地避免了火灾的误报和漏报率。

完成了基于故障电弧和多信息融合的电气火灾预报警系统的系统设计,采用集散控制理念来完成设计。整个系统分为上、下位机,下位机又分为主机和从机。下位机主要完成信号的采集、预处理以及传输,其中的主机可完成一定的信号处理与判断,并完成基本的声光报警等功能;上位机主要完成各种信号处理算法的实现、存储以及监控系统画面的实现。

本书所完成的"电气火灾预报警系统"产品,在焦作市美雅图度假村有限公司下属的超市、禹州市开元中州国际饭店有限公司等单位进行了推广使用,目前已经形成产品在河南理工大学电子厂批量投入生产,该产品的应用填补了目前我国消防系统在电气火灾预报警方面的空白,创造了一定的经济效益和社会效益。

该系统产品于 2011 年 8 月通过河南省电子产品质量监督检验所(中心)的检测,各项指标均符合要求;2011 年 9 月在河南省科学技术研究院进行科技查新,查新结果表明,该系统在故障电弧的检测方法、电气火灾的预警和报警功能等方面具有创新性;2011 年 9 月 21 日通过河南省科技厅鉴定,鉴定结果为国内领先水平。2012 年 3 月被河南省科技厅确认为"河南省科学技术成果";2012 年 6 月获河南省教育厅科技成果一等奖;2012 年 9 月获河南省科技厅科技成果三等奖。

特别感谢国家自然科学基金(61601172)、中国博士后科学基金面上项目(2018M641287)、河南省科技攻关项目(0624460012)的支持。另外,在整理本书的过程中,张宇海、吴琼、谭文新等研究生做了许多排版和校对等工作,在此向他们表示衷心感谢。最后,感谢作者家人的默默付出和奉献。

本书是作者多年来从事电气火灾预报警研究工作的阶段性总结和凝炼,限于作者水平和学识,书中难免存在不足之处,恳请广大读者批评指正。

目　　录

第1章 绪 论

1.1 概述

火的使用是人类迈向文明的重要标志,其在人类文明和社会进步中起着无法估量的重要作用,它不但促进了生产力的快速发展,而且为人类社会创造出了大量社会财富和现代文明。火能造福人类但也会带来灾害,失去控制的火灾一旦发生,不但会将多年艰辛创造和积累的财富付之一炬,更会夺去人类最珍贵的生命。近年来伴随快速发展的社会城市化步伐,使得人们逐渐地汇集到经济比较发达的地区,而且经济发达的地区又是财富日益汇聚的地区,所以火灾所造成的损失和影响也越来越大:据统计,全球每年发生的火灾数量约600万~700万起,直接经济损失达到全球社会生产总值的0.2%以上,死亡人数高达10万人。而火灾的总损失(包括火灾的间接经济损失、人员伤亡损失、灭火及灾后重建)据估算约是直接损失的5倍以上[1]。

1.1.1 电气火灾

从17世纪初期电进入人类社会,从此电与人类社会的发展紧密相连。随着人类社会各行各业电气化进程的加快,电线电缆、电力电子设备数量急剧增加,增大了电气火灾的发生概率,也增大了其可能造成的生命与财产损失。

电气火灾是指由电能充当了火源或燃烧物而引起的火灾,一般是指由于电气线路、供配电/用电设备及器具等出现故障,以温度显著过高或电弧等形式散发热量;或未出现故障,以炙热表面等形式散发热量,在火灾引燃条件具备的情况下自燃或引燃周围可燃物而形成的火灾[2],我国的电气火灾范围也包括雷电和静电引起的火灾。

电气火灾主要发生在建筑物内,尤其一些人员财产密集的大型场所,如影院、商场、图书馆、医院、中小学校、居民住宅等等，一旦因电气故障发生火灾，由于人数众多而造成难以迅速散开及撤离；由于环境封闭而造成烟雾难以及时排放，所以在这些场合电气火灾一旦爆发，很有可能演变成财产损失严重和死伤惨重的重特大火灾事故。除了民用建筑易发生电气火灾外，许多工业场所如电厂等，由于电线电缆用量的增多，也进一步增加了电气火灾发生的概率。电气火灾往往还会造成大规模长时间的停电，不但给人们的生活带来不便，更会给工业生产带来严重损失，与一般火灾不同，电气火灾在扑救时存在触电和爆炸危险，因此对电气火灾的早期预警具有十分重要的社会意义。

1.1.2 电气火灾的危害

在如今的电气化、信息化特征十分显著的现代社会里，电力系统在我们的生产、生活当中无处不在，而由于工艺水平的提高，电力系统铺设的位置越来越隐匿，再加上电力系统有运行持续长期的特点，所以隐匿期或早期的电气火灾由于信号微弱、信号特征不明显以及位置隐蔽而很难被发现，具有十分明显的连续性、分散性和隐蔽性。另外，电力系统用电负荷的增大也会引起电气故障从而形成电气火灾。

电气火灾若未能消灭在隐患期或初期而是爆发起来，则可能会引起数量巨大的人员伤亡及财产损失，若处理不当还会引起一定的社会动荡。美国消防管理局于 2020 进行的一项统计数据表明：该年美国住宅因电气线路或电气设备起火引发的电气火灾次数达 23 400 次，死亡 200 人，财产损失 12 亿美元。多年来我国由电气引发的火灾以及所造成的直接经济损失一直居于各类火灾统计数据之首，并且电气火灾也是损失较大的重特大火灾的主要引火原因，因此电气火灾已经成为影响我国社会消防安全的主要致灾因素。

据中华人民共和国公安部消防局的数据显示：2019 年全国共发生火灾 23.3 万起，死亡 1 335 人，受伤 873 人，直接财产损失 36.12 亿元；其中，在住宅火灾中，由电气引发的火灾居高不下，占 52%[3]；例如 2019 年 3 月 29 日 12 点 56 分许，山西沁源一养鸡场电线熔化引发森林大火，1.5 万余人投入扑救，3 000 余群众转移，7 名消防员因风向突变被困火场，6 人牺牲，1 人受伤；12 月 2 日 21 时许，沈阳市浑南区国际新城发生火灾，原因是住户使用的插排电源线发生故障引燃周围可燃物引发火灾。

2020 年，全国共发生火灾 25.2 万起，死亡 1183 人，受伤 775 人，直接财产损失 40.09 亿元；因电气原因引起的火灾共 8.5 万起，占火灾总数的 33.6%，65 起较大以上火灾中的 36 起为电气原因引起，占 55.4%[4]；例如 2020 年 2 月 23 日 01 时 20 分许，深圳市宝安区的一家酸奶店发生火灾事故，过火面积 40 m²，造成 4 人死亡，火灾直接经济损失 117.82 万元人民币,起火原因为电气线路短路。

2021 年,全国共发生火灾 74.8 万起,死亡 1987 人,受伤 2225 人,直接财产损失 67.5 亿元[5]。

2021 年 2 月 5 日 5 时 10 分,深圳市的一个自建楼发生了火灾事故,过火面积约 2 m²,火灾造成 1 人死亡、3 人受伤,事故原因初步认定为涉事电表箱线路短路引发燃烧并点燃周围可燃物[6]。

虽然近些年在国家部委的重视和修订完善的有关法规规范下(如火灾自动报警系统的强制安装等),火灾总数有下降趋势,但由于电气线路或设备故障引发的电气火灾数量却未见明显下降,仍处于明显高发态势,其造成的损失一般都占火灾总损失的 40% 以上,在沿海、珠江三角区等电气化特征更为明显的发达城市,甚至达到 70%～80%。由于电气火灾严重威胁着国家财产及人民的生命安全,因此我国消防将如何加强电气火灾的预防和控制作为重点课题进行不懈探索和研究。

1.2　电气火灾产生机理

1.2.1　电气火灾的产生原因

引起电气火灾的直接原因主要有:

(1) 电气短路

电气线路上两相线之间或相线与零线之间发生碰撞而突然引起电流大量增加的现象为电气短路。电气短路主要分为金属性短路和电弧性短路:金属性短路是指导体间的直接接触,其短路电流很大,能够使保护装置及时动作从而切断电源,避免火灾的发生;电弧性短路是指电弧发生后由于受到阻抗的影响而长时间延续,其引发的局部高温足以烤燃附近可燃物引起火灾[7]。由于大阻抗和压降,使得电弧电流不足以启动保护装置及时动作切断电源,电弧得以持续存在。由于保护装置对其的无效性使得电弧性短路要比金属性短路危害更大,又由于保护装置对金属性短路的有效性,使得大部分由于电气短路引起的火灾究其根源在于电弧性短路。由于电弧性短路引起火灾的难以防范,使得预防该类电气火灾成为了一个国际消防领域的难题,至今都未能找到一个十分合适的通用的解决办法,而我国目前也只能是采用一种原理比较简单、对信号的处理十分粗糙的电弧断路器来进行电弧性短路的防范。

(2) 负荷过载

电气设备或导线的实际功率或电流超过额定值而造成的超负荷运行现象即为负荷过载。过载运行使得导线发热量大,绝缘温度升高,导线绝缘材料因热分解释放出可燃气体,产生燃烧并沿线路传播或点燃附近的易燃物从而引发火灾;导线绝缘材料被损坏或击穿,会导致短路引起火灾。

（3）电气部件接触不良

电气部件接触不良在电接触区域广泛存在,接触不良会引起接触电阻过大,从而发热起火。接触不良引起的火灾具有隐蔽性强、蔓延速度快等特点。

（4）谐波电流

谐波是指由于非线性电气设备的大量存在引起电网中电压电流波形发生不同程度的畸变现象。若携带着谐波的负荷电流流入公用电网,就可以引起电源电压的畸变、波形失真、损耗增加,并可以使电气线路中尤其是中性线过载发热甚至熔断,过载发热会引燃周围易可燃材料起火,导线熔断会引起电网中各相电压不平衡,烧坏线路负载从而引发火灾。

（5）漏电

漏电是指供电线路中的绝缘材料失去绝缘性能而造成的电流外泄,随着绝缘电阻的减小漏电电流逐渐增大,从而产生高温、漏电电弧或电火花引起周围易可燃物燃烧造成火灾。漏电火灾较为特殊难以预防,其又是线路短路、过载火灾的隐患。

（6）雷击

雷电在大气中产生的电流以及放电能量足可致人死亡或引起火灾,雷击时产生的强大超高压冲击波击穿电气设备及线路绝缘体产生短路,巨大的雷电电流沿着建筑外墙电气线路进入电网造成电力系统短路,均可形成火灾。

1.2.2　电气火灾火源的主要形式

通过对电气火灾的起因进行分析总结后可知,虽然电气火灾的起火原因有种种不同,但是火源的形式归纳起来只有两种:电弧（电火花）以及危险高温。

① 电火花与电弧

电气短路、负荷过载、接触不良、漏电等均可使电气线路或电气设备的绝缘发生损坏,从而产生电弧或电火花。$2\sim20$ A 的电弧电流可产生 $2\,000\sim4\,000$ ℃ 的局部高温,完全能够引起火灾的产生。一般认为电火花是电弧的一种特殊形式,电火花与电弧相比,其具有的特点是不稳定并且时间非常短暂,但电火花的温度也很高,也完全能够引起电气火灾的发生。

② 危险高温

短路、过载、谐波等均会引起高温,高温引发绝缘材料的软化分解产生可(易)燃气体或直接烤燃物质从而引发火灾。

1.3　电气火灾监测技术的发展历程及研究现状

火焰燃烧的产物有气溶胶、烟雾、光、热和燃烧波等,并伴随发热发光的物理化学现象,目前的火灾探测就是对这些参量的探测与分析从而完成火灾的辨识。

1.3.1　电气火灾监测技术的发展历程、现状及存在的问题

一百多年来,人类坚持不懈地对火灾的探测进行研究。早期的火灾探测技术是伴随着火灾探测器的发展而发展起来的。

1847 年世界上第一台用于城镇火灾报警的发送装置成功问世,1890 年第一个感温火灾探测器成功研制,从此拉开了人类对火灾探测技术的研究大幕[8]。感温火灾探测器在此后的半个多世纪里一直占据主导地位,但由于其探测速度慢、易受气温及温度变化的影响,特别是对阴燃火不响应,所以无法满足火灾早期报警的要求,然而由于温度依然是火灾发生的重要特征参量,因此时至今日温度依然是火灾探测中不可或缺的检测对象[9-11]。

20 世纪 50 年代初离子型感烟探测器研制成功;20 世纪 70 年代末光电感烟探测器研制成功。由于火灾初期烟雾颗粒的释放现象早于火焰和高温,因此离子感烟探测器[12-15]和光电感烟探测器[16,17]得到了广泛应用。但是烟雾探测原理下的火灾检测有很高的误报率:美国 1980 年间因烟雾探测器引起的误报率占总误报率的 95%[18];瑞士 1990—1995 年间由烟雾探测器引起的误报率占 91%～93%[19],而频繁的误报也会给人们的生活带来不便。

火焰探测器能够感应火焰燃烧时产生的电磁波,一般响应谱带为紫外及较窄的红外谱带,具有响应速度快、探测范围广等特点,因此可进行火灾的早期报警,但易受日光、照明、雷击等因素的干扰。

20 世纪 80 年代又出现了基于固态图像处理的火灾探测器,这种探测器基于数字图像处理技术,通过分析火灾发生时的热特点以及火焰燃烧时的图像特点[20,21]等特征信息,从而完成火灾探测。图像感焰探测器为探测火灾提供了更多的特征信息,有助于完成对火灾的正确识别,提高了火灾探测的可靠性和灵敏度。

气体传感器能够检测液体或固体材料燃烧初期产生的 CO 或 CO_2 等气体,因此可应用于火灾探测中[22-24]。气敏传感器可分为气敏半导体型、红外型、光干涉型等。由于红外型的选择性较好且灵敏度高,近年来对其在火灾探测中的研究多见报道[25]。虽然 CO 传感器已广泛应用于火灾探测[26,27],但其干扰因素很多,如吸烟、汽车尾气排放、厨房炊烟等等这些非火灾情况也会释放出 CO 气体,从而干扰到通过对 CO 气体浓度的检测达到对火灾的正确识别。研究发现,由于燃烧物材质的不同,其在燃烧时也会产生不一样的挥发性有机气体(volatile organic compounds,VOCs),这种有机气体也可以作为燃烧特征来进行火灾辨识,能够有效提高火灾探测的准确率[28,29]。

燃烧音是指材料在燃烧的过程中,引起周围空气膨胀产生热对流从而产生超低频率声音的现象,且伴随着燃烧的扩大这种超低频率声音的强度也相应增强,另外火焰燃烧音完全不会受到燃烧类型以及环境温度和湿度的影响,因此能够作为火灾探测的探测信号[30]。

火焰探测器常常受到烟雾的消光作用而影响到其探测效果,而微波作为火焰辐射量量之一,却能有效避免烟雾的消光作用,且由于其具有很强的穿透能力,连一般建筑物的墙壁也能穿过,所以在一些比较复杂的火灾发生场合,比如起火点由于受到遮盖物的遮挡而没有暴露在外,或是建筑物的框架结构过于繁杂等场合,火灾探测的常用参数如烟雾等很可能受到遮挡而影响检测效果,则应用微波进行探测就十分有效。Masoumi Sarah 等人提出了利用来自燃烧植物材料中的微波波段来探测森林火灾的技术[31]。

电气线路故障也是引发电气火灾的主要因素,因此通过检测电气线路的运行状况来预警火灾也是火灾探测的研究方向之一。目前常用的非破坏性电线探测方法主要是基于电线电缆表面温度的检测,如感温电缆式、热敏电阻式、光纤感温式以及红外热像式[32]等。

对于电线电缆故障,常采用的保护方法为安装相应的保护装置,如断路器[33]、剩余电流动作保护装置[34]等。这类保护装置一般都是以电磁原理为基础的,受到检测原理等的限制,不能有效处理电弧引起的火灾隐患,且动作时间长,很容易产生误报漏报现象。

1.3.2 电气火灾监测中新技术、新方法、新材料的应用

早期的电气火灾探测系统的信号处理就是简单的阈值判断和趋势算法,其原理简单,但易受到干扰而产生误报,因此如何保证探测系统对电气火灾的探测和报警的准确率、减少误/漏报率,一直是火灾探测研究中的重要课题。

20 世纪 80 年代后,随着计算机技术、信号处理技术以及人工智能技术等的发展,在火灾探测领域的研究中,陆续出现了各种火灾探测信号处理算法,对减少火灾探测中的误/漏报率,提高火灾探测系统的报警准确度有着积极的意义。

1.3.2.1 火灾监测中的模糊推理技术

由于火灾燃烧过程的不确定性以及干扰因素的随机性,建立火灾数学模型是十分困难的,因此在电气火灾监测中采用模糊推理技术具有实际意义[35]。

早期提出将模糊技术应用于智能火灾探测的是 NAKANISHIS 等人[36,37];李卫高等人在神经网络的火灾探测模型基础上,将模糊逻辑和神经网络同时应用在火灾探测报警系统中,找出一种最优组合模型,解决火灾探测报警系统对准确度和灵敏度矛盾性的要求[38];随后陆莹等人为了实现火灾报警的及时可靠,将基于多传感器信息融合的火灾探测技术按数据融合的三个层级,进行层次化的信息融合和处理,并且将神经网络、模糊推理的智能算法应用到火灾报警系统中,更精准地判断火灾警情[39];Lule Emmanuel 等人提出了一种基于物联网的火灾早期探测模糊预测模型,火灾探测效率得到了显著提高[40];Muduli Lalatendu 等提出了基于二元粒子群优化算法的模糊逻辑的无线地下传感器网络火灾监测系统,增强了矿井火灾预防决策的可靠性[41]。

文献[42-44]将模糊控制与神经网络结合应用到火灾检测方面。其中文献[42]设计了基于 CAN 总线和模糊推理的地铁列车火灾报警系统;文献[43]重点研究了多源信息融合理论、模糊控制理论以及人工神经网络理论,提出了一种基于信息融合和模糊神经网络的智能火灾检测系统;文献[44]提出了一种新型的火灾探测系统,该系统结合了基于 CNN 的深度学习算法和基于温度、湿度、气体和烟雾密度等异构火灾传感器数据的模糊推理引擎。

文献[45]提出了一种新的火灾探测系统,该系统采用基于模糊逻辑的改进专家推理方法;文献[46]将模糊 C 均值聚类算法应用在发动机舱火灾自检系统中,文献[47]设计了一种基于模糊算法的分布式 WSN 火灾远程监控系统,利用分布式 WSN 实现信息集中监控,在此基础上,引入模糊算法对火灾探测数据进行标准化,与传统火灾监控系统相比,本书设计的系统具有更高的吞吐量极限、更短的时延、监测报警准确率高于 95%。

1.3.2.2 火灾监测中的神经网络技术

人工神经网络(Artificial Neural Network)是从微观结构和功能上对人脑的简化、抽象和模拟。近年来学者们不断地研究将人工神经网络应用于火灾监测的信号处理中[48,49],取得了一定的成果。随着人工智能与计算机技术的发展,基于深度神经网络的火灾检测方法发展迅猛。

Okayama 设计了早期火灾探测的神经网络[50]；Pan Hongyi 等人介绍了一种基于计算高效的加性深度神经网络（AddNet）的森林火灾探测方案[51]；Saeed Faisal 等人提出了一种基于 Adaboost-LBP 模型和卷积神经网络的火灾探测方法，该方法检测火灾的准确率几乎达到 99％，而且误报率非常低，通过进一步训练可以进一步降低误报率[52]；Peng Yingshu 等人提出一种快速、准确的烟雾探测算法可以提取出森林火灾的特征表示，采用人工设计算法提取疑似烟雾区域，并将其作为改进的极小深度神经网络 SqueezeNet 模型的输入，实现烟雾检测，从而实现森林火灾的检测[53]。

文献[54]介绍了傅立叶变换和神经网络在电气火灾检测中的应用，文献[55]介绍了轻量级深度神经网络在不确定的监控场景中的火灾探测中的应用，文献[56]使用了轻量神经网络 MobileNet 对火焰和烟雾进行分类，从而完成火灾检测。文献[57]介绍了 ELASTIC-YOLOv3 在夜间火灾探测中的应用，文献[58]介绍了改进的卷积神经网络（CNN）在森林火灾检测中的应用。

许春芳等提出一种基于 LSTM 和 RBF-BP 深度学习模型的多源信息融合火灾预测方法[59]，张坚鑫等引入了一种改进的 Faster R-CNN 检测火灾区域的目标检测框架[60]，曾思通等设计了基于 ZigBee 的多传感器信息融合的火灾检测系统[61]，杨柳等搭建了包含 3 层全连接层的卷积神经网络来实现火灾检测[62]。

1.3.2.3　火灾监测中的图像处理技术

随着计算机信息处理技术和图像识别技术的不断发展，图像处理技术也引入了火灾监测系统中来。

杨雨卓等利用图像处理技术对烟火普遍特性进行研究，实现了基于图像处理的森林火险检测系统[63]；王心瑜等分析了图像处理在检测火灾和消防报警中的采集与处理，以此根据火焰的特性来确定火焰的区域，进而使图像系统更加具有时效性[64]；崔秉成等运用图像特征识别检测算法来实现对视频中烟雾图像进行检测，从而实现对火灾的检测[65]。

刘兆春基于双光谱图像处理技术研究了林火监控系统[66]，蒋珍存基于改进 VGG16 网络提出了图像型火灾检测方法[67]，何爱龙基于图像处理技术设计了同时检测火焰和烟雾的视频火灾检测方法[68]。

Sharma Amit 等将图像处理技术应用到智慧城市的火灾探测系统中，能更加准确地识别火灾事件[69]；Li Feng 等基于 CBERS-04 热红外图像实现了煤矿火灾的探测，并且分析了煤火的蔓延趋势[70]；Chang Bae Moo 等提出一种基于开放式多处理（Open

Multi-Processing,OpenMP)的并行图像处理方法,用于火灾控制系统[71]。

1.3.2.4 新材料在电气火灾防范、预警中的应用

新材料的使用,也是近年来火灾探测技术发展的一个分支。

李宝学等结合《新编有色金属材料手册》一书,分析了基于有色金属材料革新的电线电缆助力改善建筑电气火灾险情的情况[72]。

张经毅等分析了阻燃和耐火电线电缆应用的电气设计,降低火灾发生的可能性[73]。

韩佳等研究了阻燃 PVC 电缆、YJV 电缆、基于二氧化锡半导体传感器的 PVC 电缆的过热情况,实现了对电气火灾的探测,可作为电气火灾早期有效预警的方法之一[74]。

Kaczorek-Chrobak K 等对不同芯数不同化学结构的电缆进行测试,评估出了电缆结构与其防火性能之间的关系[75]。

1.4 本书概况

根据前面对火灾成灾因素的分析可知:电气火灾是当今世界主要的致灾因素之一,并且也是重特大火灾发生的重要原因。若能对电气火灾采取有效措施进行预防和控制,必将大大降低火灾总体数量和灾害程度,因此对电气火灾的监测研究具有非常明显的实际意义。

本书主要介绍基于小波分析及数据融合技术的电气火灾预报系统设计实现及推广应用研究。首先介绍电气火灾形成机理及特征分析,指出故障电弧是目前火灾错漏报的主要和重要原因。然后分析故障电弧检测技术原理及方法,运用小波函数对故障电弧电流信号进行小波奇异性分析,提出周期性奇异点检测故障电弧算法,分析该故障电弧检测算法的可行性和有效性。接着结合故障电弧检测运用多信息融合技术完成电气火灾特征信息融合。在检测故障电弧发生的基础上,对电气火灾早期现场的温度、烟雾、CO 浓度进行实时监测,运用多信息融合技术完成对所探测的电气火灾特征信息的融合,实现电气火灾辨识。设计基于故障电弧的信息融合的三层模型,并运用我国标准火数据以及典型干扰数据,在 MatLab 环境下进行实验仿真,仿真结果表明,该融合模型能够很好地完成电气火灾的快速准确报警,有效地避免了火灾的误报和漏报率。随后完成基于故障电弧和多信息融合的电气火灾预报警系统的系统设计。采用集散控制理念来完成设计。整个系统分为上下位机,下位机又分为主机和从机。下位机主要完成信号的采集、预处理以及传输,其中的主机可完成一定的信号处理与判断,并完成基本的声光报警等功能;上位机主要完成各种信号处理算法的实现、存储以及监控系统画

面的实现。最后简要介绍系统推广应用。具体章节内容安排如下：

第 1 章为绪论，主要介绍电气火灾的产生机理及电气火灾监测技术的发展历程及研究现状，为后续章节的工作开展奠定基础。

第 2 章研究故障电弧的形成机理，对故障电弧信号的"零休"特性进行深入的理论剖析，为寻找故障电弧的有效检测方法提供理论依据。在此基础上确定检测故障电弧的物理参数、检测方式及检测算法。

第 3 章分析小波变换的奇异性检测原理，在此基础上研究故障电弧的检测算法。对故障电弧电流信号做小波变换的小波函数进行选择与构造，完成正交二次样条小波函数的建立。运用多孔算法完成二进小波的快速变换。提出周期性奇异点的故障电弧检测算法，并分析该算法的可行性和有效性。

第 4 章进行基于故障电弧的电气火灾多信息融合系统的构造。完成信息融合的层次设计以及每一层次融合的方法实现。运用标准火对所设计的融合系统进行实验仿真。

第 5 章进行电气火灾预报警系统的硬件设计。以集散控制理念进行系统的总体方案设计，并模块化硬件功能以便于系统的实际应用。

第 6 章进行了电气火灾预报警系统的软件设计。以 LabWindows/CVI 为平台完成了上位机监控功能的设计。

第 7 章对研究工作进行了阶段性总结，并提出未来研究的展望。

本书的以上研究工作，着力解决目前电气火灾研究中存在的以下问题：

（1）电气火灾的监测问题

人类对火灾的研究可以追溯到一个世纪以前，然而对电气火灾的认识和研究却只是近些年来的事情。由于电气火灾的起数和成灾损失日益突出，国内外越来越多的学者投入到了电气火灾监测技术的研究上来。然而从以上的分析也可以看出，无论是国际还是国内，研究领域并没有十分明确地区分电气火灾与火灾的区别，所提出的探测方法及信号处理也并没有考虑到电气火灾的特点，而是将电气火灾作为一般火灾进行信号的探测与处理的。由于未能深入透彻地分析出电气火灾的特性，因此未能提出切实可行的电气火灾预测方法。本书从研究电气火灾的产生机理、火源形式等电气火灾的根本出发，根据故障电弧为电气火灾的主要引发因素，并在探索故障电弧燃烧特性的基础上，提出将故障电弧的检测引入到电气火灾的监测与报警中来，以提高电气火灾的报警速度，实现电气火灾的预警功能。

（2）故障电弧的检测问题

对电弧的研究国外起步较早并研制出了故障电弧断路装置（AFCI），而在国内，故障电弧作为电气火灾的主要诱因并未得到足够的认识，更谈不上进行立项研究。对电弧的研究除了进行其物理性质的研究之外，主要偏重其在弧焊方面的工业应用，对电弧检测的研究主要集中在电弧炉、高电压技术、焊接以及电力机车弓网离线等方面。但国外的电网信号与国内不同，因此，国外的 AFCI 技术并不适合我国国情。并且国外的 AFCI 系统价格昂贵，在运行过程中依然存在误报和漏报的问题。鉴于故障电弧的产生往往预示着电气火灾的发生，因此本书从研究故障电弧的特性出发，提出了一种新型的采用正交二次样条小波函数对故障电弧进行奇异性分析的故障电弧检测方法，并设计了一套切实可行的故障电弧检测方法，实现了对故障电弧的快速准确检测。

（3）火灾报警的准确性问题

火灾探测报警技术领域的重要研究课题之一就是如何保证火灾探测报警的准确率，减少误报率及漏报率。为了保证电气火灾报警的可靠性，运用多信息融合技术对电气火灾信号进行处理。完成多信息融合系统的搭建以及实验仿真验证等。

（4）工业实用化问题

目前所研究的电气火灾报警系统尤其是应用先进探测方法和信号处理方法的系统，大多数都局限于实验室内，并没有形成产品应用于工业实际。本书结合所提出的电气火灾的探测方法和信号处理算法，进行系统的软硬件设计，完成系统的开发，应用到了工业现场，实现了工业化。

第2章　故障电弧特性研究

早在 1801 年，H. Davy 就发现了电弧。早期研究的是在两个炭电极之间的燃烧电弧。炽热气体在热效应的作用下向空间上方扩散，在两个电极之间向上弯曲形成弧形，由此命名为电弧（Electric Arc）。

电气线路上的电弧可分为"好弧"和"坏弧"。"好弧"为正常的操作弧，如电机旋转产生的弧以及开关和插拔电器产生的弧；"坏弧"即故障电弧，为了寻找故障电弧的有效检测方法，有必要对电弧的基础理论加以研究。

2.1　电弧理论基础

电弧是指两电极之间的空气隙由绝缘变为介质，从而形成连续的放电现象，并伴随有强烈的发热、发光及电极触头的熔化等，是一种非常复杂的电磁响应过程[76]。电弧产生的温度极高，其中心温度通常可达到 5 000～15 000 ℃，电弧产生的电离气压也很高，并伴有高热气体的释放以及电极材料的挥发。

2.1.1　气体放电理论

气体放电是指电极间隙间的绝缘气体由绝缘态变为导电态，从而能够通过电流的现象[77]。气体放电会受到间隙中气体的类型及气体压力、电极材料的种类及形状、极间距离及极间电压等因素的影响。电弧就是一种气体放电形式，因此，为了能够更加深入地认识电弧特性，有必要分析研究气体放电的过程。

早期对气体放电的研究是在低压直流放电电路上进行的，这种放电电路一般由直流电源、固定电阻以及两平板电极形成的气体间隙组成，如图 2-1（a）图所示。当两平板电极间的气体间隙电压升高达到一定值时，气体间隙被击穿从而产生气体放电现象。

气体放电过程中的电压电流关系如图 2-1(b)所示。

整个气体放电过程可根据放电性质的不同分为非自持放电($0-c$)和自持放电($c-f$)两个阶段。

在气体放电的开始阶段($0-a$),由于在两电极间的气体间隙中保存有少量的带电粒子,从而促使两电极间隙间的电压有所升高,电流也随之有所增大。而在这个阶段,加在两电极板间的电压在极板气体间隙内产生的电场强度比较微弱,其场强的大小不能促使电场射发出电子,也不足以促使电场发生电离,由于外界电离因素产生的带电粒子不能完全到达电极,所以在该阶段流过电极间气体间隙的电流十分微弱。

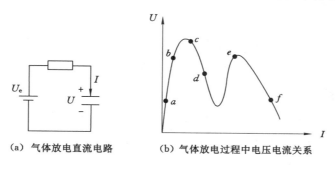

（a）气体放电直流电路　　　　（b）气体放电过程中电压电流关系

图 2-1　气体放电直流实验电路

到达 a 点后,电压能够继续保持升高态势,而电流的变化比较微小,直到 b 点。在这个过程中,由于外部电离的原因而产生的带电粒子数大体上维持在一个稳定的数量上,所以可以认为电流基本保持为恒定值。而电流的幅值也很低,因此在工程上可略去不计,则可认为电极间的气体间隙在该过程中依然保持绝缘状态,间隙此时依然是绝缘体,间隙间并没有形成导电通道。

到达 b 点以后,电压依然保持上升态势,而这时电流逐渐有较快的升高,从图 2-1(b)中可看出电流升高一直达到 c 点。由于这一过程中电流较快升高使得两电极间的电场强度变大,促使了电极间气体间隙中的电子在电场的作用下发生电场游离,导致自由电子数目增多。电极间自由电子数量的增多促使了电极间气体间隙碰撞电离的发生以及阴极表面的电子发射。在这一过程中若移除外界的电离因素,则间隙中就不再存在自由电子,即使电流升高电场强度增强,极间的放电过程也将不再继续下去。这种放电现象是由外部的电离原因决定的,被称为非自持放电,如图 2-1(b) 中的 $0-c$ 段。

从 c 点以后,气体放电进入自持放电阶段。在这个阶段里,电流增幅加快,并伴有气体的发声发光现象。高电流带来了强电场,即使此时没有外界的电离因素,由高电场发射以及二次发射产生的电子数也足以维持电极间气体间隙在电场作用下的持续放电。c 点前后的 bd 区称为汤逊放电区;由于气体在 de 区表现出了辉光现象所以称该区为辉光放电区。气体在这个阶段依然是以电场电离这种电离方式为主。

当电流增大到 ef 区时,放电形式变为以电弧放电为主,即间隙内产生电弧。电弧放电是气体放电的最终形式。电弧放电时迸发强光,放电通道有一个明确的界限,温度非常高,电流强度大,阴极压降值小,以热电离作为主要的放电形式。所以可以认为电弧是气体的自持性放电现象,而这种现象的特点表现为亮光强度大、温度特别高而且能量非常集中[78]。

2.1.2 电弧的组成

电弧放电的特点是电流密度大以及阴极电位降小。电弧稳定燃烧时,阴极和阳极间的电弧压降不是呈现十分均匀的分布,而是在电弧的长度上表现出了十分明显的区域特征。根据电弧压降所表现出的区域特征,可将电弧分为以下三个区域:阴极压(电位)降区域、电弧柱区域、阳极压(电位)降区域。电弧的组成部分一般也包括电弧的阴极和阳极。电弧的组成及其电压分布如图 2-2 所示。

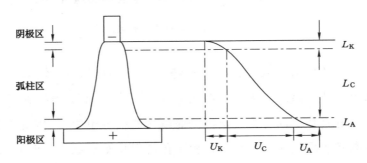

图 2-2　电弧的组成及其电压分布

① 阴极区

电弧紧靠负电极的区域称为阴极区,阴极区很窄,约 $10^{-5} \sim 10^{-6}$ cm。在阴极附近有一个较大的电位跃变,是由于大量正离子的聚集而形成的正空间电荷(正离子层)形成的。阴极区的阴极表面有一个明显的光斑点,是电弧放电时负电极表面集中发射电子的微小区域,称为阴极斑点。其电流密度很大,是电弧放电时强大电子流的来源,阴极区的温度一般达 2 130~3 230 ℃,放出的热量占电弧总热量的 36% 左右。

② 弧柱区

电弧的阳极区与阴极区之间的部分称为弧柱。阴极区和阳极区都很窄,所以弧柱的长度基本等于电弧长度。正常情况下的弧柱呈近似圆柱形,其内部电离气体中的正负带电粒子数目达到平衡,因此也称之为等离子体。弧柱区的电阻与金属电阻表现出十分相似的特性,其电位分布情况为沿着电弧轴线的均匀分布。

其电位沿轴线呈均匀分布状态,而电位梯度也保持基本不变,所以其特性可参考金属电阻的特性。弧柱中所进行的电过程较复杂,而且它的温度不受材料沸点的限制,因此弧柱中心温度可达 5 730～7 730 ℃,发出热量占总热量的27％左右。

③ 阳极区

电弧紧靠正电极的区域称为阳极区,阳极区较阴极区宽,约为 $10^{-3} \sim 10^{-4}$ cm。由于存在没有得到及时补偿而遗留下来的一定数量的负空间电荷(电子),从而构成一个小的电位突变,称之为阳极电位降。电弧放电时正电极表面上集中接收电子的微小区域即为阳极斑点。阳极不发射电子,消耗能量少,因此当阳极材料与阴极材料相同时,阳极区的温度略高于阴极区。阳极区的温度一般达 2 330～3 930 ℃,放出的热量占总热量的43％左右。

2.2 交流电弧特性研究

按照电流的性质可将电弧分为直流电弧和交流电弧。可将直流电弧看作是一非线性电阻,阻值随电流及其他因素的改变而改变。而交流电路电流随时间按正弦规律变化,每个周期均有两次通过零点,同时交流电弧电流也过零点,对于交流电弧过零前后的特性以及过零后的重燃,需要深入研究其内部机理。

由于电网中的电弧多为交流电弧,因此,本课题研究的均为交流电弧,通过对交流电弧的机理分析与实验验证,期望找到快速有效检测电弧的方法。

2.2.1 交流电弧过零阶段机理研究

交流电弧电流每半周期要过零值一次,这是其与直流电弧的基本区别。交流电弧过零后的熄灭/重燃过程存在两种理论:弧隙介质恢复理论即电击穿理论,能量平衡理论即热击穿理论[79]。

斯列宾提出弧隙介质强度恢复理论,该理论认为电弧的重燃是由于加在电极两端的外部电压的作用,使得所产生的电场强度足够大从而造成两电极间气体间隙的击穿而形成的,并认为电弧电流过零后的电压恢复过程与介质强度恢复过程同时发生但相互独立,彼此没有任何关联。电弧电流经过零点后电极间的气体间隙立即从导体变为介质,并且若介质强度能够始终大于气体间隙的恢复电压,则电弧不会再被击穿而最终熄灭。

弧隙的电压恢复过程是指电弧间隙上的电压从其最低谷值，即电弧熄灭时的幅值逐渐上升，直到达到相当于电源电动势的瞬时值的过程。而介质强度恢复过程是指在电流过零电弧熄灭时，弧隙随着消电离程度的加深其介质强度逐渐上升的过程，该过程会受到如灭弧介质的种类和状态、间隙中能量的变化情况、触头的状态和运动等因素的影响。斯列宾理论只能说明电弧电流超前过零的情况，而对于电弧间隙的电导无端消失而电弧却能重新燃烧的情况却不能做出合理的解释，因此，斯列宾理论并不能完全解释电弧的熄灭/重燃过程。

克西提出弧隙能量平衡理论，该理论认为电弧的重燃是电弧电路以及电弧间隙间的能量平衡的结果，并不是简单的外加电场对气体间隙的击穿。当电弧电流过零后，电弧间隙的较高温度不可能马上冷却，因此热电离并未停止，电弧间隙在该时刻也并没有立即从导体变为介质，而是仍然保存有一定的电导，若存在有恢复电压的作用，就会出现弧后电流，而若电路仍能持续输送能量给电弧间隙，则电弧就有可能重燃。该理论认为电弧电流过零后重燃与否要看弧后电流的作用影响，弧后电流一般时间比较短暂，所以电弧电流过零后的变化趋势是弧后电流作用的结果，而电路击穿对电弧电流的影响要看电弧电流过零后再延时一段时间后的变化结果。

热击穿理论通过弧隙的残余电导将介质强度恢复过程与弧隙上的电压恢复过程联系起来，并考虑了电弧的热过程。但该理论也有局限性，其不能确切解释弧隙电导预先消失以及电击穿下的电弧重燃。

是否认为电弧电流过零前后存在剩余电流是这两种理论的区别关键，斯列宾未能认识到剩余电流，但克西的理论是建立在剩余电流基础上的。

理想情况下，电弧燃烧时的电弧间隙电阻为零，即此时两电极间的气体间隙为介质状态；电弧熄灭后电弧间隙电阻立刻变为无穷大，即此时两电极间的气体间隙为绝缘状态。但在实际的交流电弧电路中，电流自然过零前的微小时段里，两电极间的气体间隙就已经存在有一定的电阻而非纯介质状态；当电流过零电弧熄灭后的微小时段里，两电极间的气体间隙也并未立即成为绝缘状态，而是具有相当大电阻的导体，在恢复电压的作用下，电弧间隙中有电流流过，该电流即为剩余电流或称弧后电流，其值大小等于恢复电压与剩余电导的乘积。弧隙剩余电导对电压恢复过程起阻尼作用，而电压又决定了弧隙剩余电流，由此又影响间隙介质强度的恢复。

在弧后电流流通的时段里，电弧间隙是一个特殊的导电通道（可认为是具有很大阻值的导体而不是纯粹的绝缘体），但它虽然不是绝缘体，但毕竟与燃弧通道有所不同。

它的变化趋势有两种:有可能在输入能量不断增大的作用下发生热击穿,从而变为纯粹的燃弧通道使电弧重燃;有可能能够抵挡恢复电压的作用不发生热击穿,从而变为绝缘介质使电弧最终熄灭。

电击穿和热击穿是从不同的角度来说明交流电弧的重燃与熄灭现象,并不是完全的对立。交流电弧的重燃取决于弧隙能量的大小,无论是燃炽还是熄灭,能量平衡理论都能够比较全面地解释电弧现象。能量平衡理论提出了弧后电流(或称剩余电流),但未必所有的电弧电路在电弧过零后都会出现弧后电流,所以能量平衡理论只适用于说明电弧电路在电弧过零后出现弧后电流的情况,并不对所有的电弧电流过零后的情况都合适,即能量平衡理论也有其一定的适用范围,并不具有普适性。

介质强度恢复理论未能说明弧后电流现象,只能解释电弧的熄灭过程。实际上,两电极间的气体间隙被击穿也未必就会发生电弧的重燃,而电弧的重燃也未必一定由气体间隙的放电引起,热击穿同样能引起电弧的重燃。但介质强度恢复理论将电弧电流过零前后的过程简单地划分为介质强度恢复过程和电压恢复过程,便于分析。

交流电流经过零点以后,交流电弧的熄灭过程基本上可以分为两个部分:弧隙电阻增加过程和介质强度恢复过程。电弧在不同的过程中其熄灭的条件是不同的:在弧隙电阻增加的过程中,由于此时的气体间隙还是介质,存在有弧后电流,所以该阶段气体间隙还有能量的填充,只有当气体间隙的能量的填充小于能量的散发,使消电离效应快速蔓延,电弧才有可能熄灭;在介质强度恢复的过程中,当介质强度恢复的幅度能够一直保持大于电压恢复的幅度时,电弧有可能熄灭。

消电离过程是指在交流电弧电流过零时刻,由于电流值为零使得此刻电弧的功率也为零,因此电弧间隙此时无法获得能量的输入,但是依然在空气热对流效应中以及热量向周围的传播过程中不断地向外输出着能量,这就是消电离过程,若电弧气隙内的消电离作用得到增加,电弧两电极间的间隙温度就会呈现快速下降态势,电弧有可能会暂时熄灭。在交流电流自然经过零点以后,电弧有可能再一次燃烧起来,但也可能由暂时熄灭状态变为最终的熄灭状态。

电流在自然经过零点即电弧熄灭后,电弧两电极间的空气间隙从之前的导体慢慢变为绝缘体的过程即为介质强度恢复过程。采用电弧气隙所能承受的电压来表征弧隙的介质强度的大小。电弧熄灭后的微小时段内电弧气隙还会存在有一定的残余弧柱,这会强烈影响到介质强度的大小以及介质强度的恢复过程,从而使电弧熄灭后的介质强度恢复特性与空载时介质强度恢复特性表现出明显的不同。

电压恢复过程会使电弧间隙上的电压增高,从而引起电弧间隙的又一次被击穿,导致电弧的再一次燃烧；介质强度恢复过程会使电弧两电极间的空气气隙的介质强度升高，从而阻止电弧间隙的又一次被击穿，导致电弧的熄灭。所以，电弧经过零点之后，是重新燃烧还是就此完全熄灭，是这两个同时发生而作用相反的过程相互平衡的结果。

根据对以上理论的深入剖析，对交流电弧的燃烧过程进一步研究后得出以下性质：交流电流自然过零前后的一个短暂时间段内（非过零点的单时刻），电弧间隙电阻值急剧增大直至无穷，从而使该段电流值变得十分微小。电流在自然过零前的小段时间内以及过零后的小段时间内，由于电弧间隙电阻值的影响，其幅值非常微小，可近似为零。所以理论上的电弧电流瞬间过零点，而实际上的电弧电流在自然过零前后的一小段时间区域内，电流值都近乎为零，称电弧电流零点前后的这一小段时间为电流的零休时间。交流电路参数如电压、电流、电路常数等以及电弧间隙的内部过程会对零休时间产生影响。电弧电流的零休时间一般从几个到几十个微秒不等，因此若要探测电弧电流的零休时间，测量系统需要有较快的采样频率以及较高的测量精确度。

交流电弧在燃烧过程中的明显零休现象特性为故障电弧检测方法提供了科学依据，为后续的故障电弧检测指明了研究的方向。

2.2.2 交流电弧特性的实验研究

针对交流电弧燃烧过程中的明显零休现象这一特性，进行了进一步的实验研究。为了得到一手的数据，本课题组搭建了电弧检测实验台。通过模拟电弧的形成过程，期望找到电弧在燃烧过程中的特性，从而找到合适的电弧检测方法。鉴于电网中的负载性质会影响到故障电弧发生过程中的电流/电压特性从而影响零休现象，所以在实验中重点考察不同性质的负载情况下，故障电弧发生过程中的电流/电压的特性以及所产生的零休现象的变化情况。

2.2.2.1 交流电弧模拟实验台

本课题组搭建的交流电弧模拟实验台的主要装置有：220 V、50 Hz交流纯净电源、电流传感器、电压互感器、TipPiescope-HS801数字示波器以及一对模拟电弧放电的电极，图2-3示出为本模拟实验的实验原理图。

选用铜和铝作为电弧放电模拟电极的材料，极间距离可任意调整，电压传感器选择220V/9V的变压器，电流传感器选用四通公司的霍尔电流传感器，为了达到高精度的信号采样，设置的TipPiescope-HS801数字示波器的参数如表2-1所示。

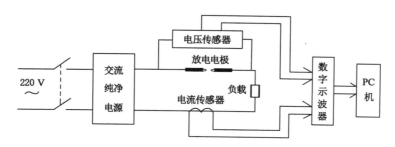

图 2-3　电弧特性研究实验电路图

表 2-1　TipPiescope-HS801 数字示波器参数设置

电流量检测				电压量检测			
通道	检测精度	采样频率	存储长度	通道	检测精度	采样频率	存储长度
CH1	8 V(A)	10 kHz	2 000 点	CH2	20 V	10 kHz	2 000 点

2.2.2.2　不同负载下的电弧特性实验研究

实验中我们考察电路在不同负载情况下的故障电弧电压/电流波形,并将其与正常工作电压/电流波形相比较来观察电弧特性,因此,每组实验的实验步骤均为:

① 获取正常工作时的电压/电流波形。将负载接入实验台,采用数字示波器观察并记录实验电路正常工作时的电压/电流波形,存储数据。

② 获取故障电弧时的电压/电流波形。需要得到电弧产生以及恢复的电压/电流波形图。在实验中通过调整模拟电极间的宽度使得在两间隙之间出现燃烧的电弧过程,采用数字示波器及时观察并记录此时的电压/电流波形,存储数据;然后拉近模拟电极的距离直到两电极完全闭合,此时即为电弧恢复(无电弧)状态,用数字示波器及时观察并记录此时的电压/电流波形,存储数据。

具体实验情况如下:

(1)电阻性负载时电弧的实验研究

用若干个 100 W 白炽灯泡充当图 2-3 中的负载,按照实验步骤①和②完成本组实验,记录并存储的电压/电流波形如图 2-4 所示。

① 实验的物理现象

电弧在稳定燃烧时,伴随着强烈的发声发光现象,两模拟电极间发出蓝色光芒,并有嘶嘶声响,模拟电极周围产生大量发热气体,并在电弧燃烧结束后看到模拟电极的触头处有被氧化的痕迹。

② 电弧形成过程分析

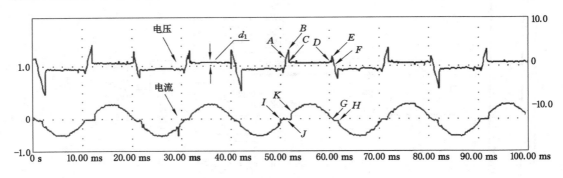

图 2-4　电阻负载电弧的电压/电流波形

分析本组实验得到的电压/电流波形如图 2-4 所示,纯阻性负载下电弧稳定燃烧时,电压波形表现为基本在某一幅值的正负对称上下徘徊,具体特征为基于某一数值上下小范围波动,呈现周期性尖顶现象;而电流则以零值为轴做近似正弦波形变化。图 2-4 中以一个周期为例,电压通过零点后开始上升,使得电极两端点积聚的电子数量逐渐增多,不断增多的自由电子电离一部分周围气体并使得两电极间的电场强度不断增高;电压继续升高达到 B 点时,在不断增多的自由电子以及不断升高的电场强度的共同作用下使得两电极间的空气隙被击穿,形成电流通路,此后电压急剧下降直到 C 点,然后电压保持不变直到 D 点。CD 之间为电弧的稳定燃烧时段,d_1 的幅值即为电弧燃烧时加在两电极间的电压值。当交流电源电压按其波形自然降到 D 点时,电极两端的电压不能够继续保持两电极间的空气间隙的击穿状态,DE 段为被电离的自由电荷在电极两端形成的电场强度。E 点以后,电极间的电压反映的是外部电压值。

图 2-4 中表现的电流波形特征为:电弧在熄灭与重燃过程中,电流表现出明显的零休现象。以一个周期为例进行分析:当电流过零如图中的 I 点,经过一个零休区后,在电场强度不断加大的作用下,两电极之间的空气间隙在 K 点被击穿,空气间隙从绝缘变为导体,电流得以流通。然后电流按照类同于电源电流的正弦波形变化。在电极两端电场强度变化的影响下,电流通路在 G 点被切断,G 点到 H 点这一时段为电弧间隙的电压恢复时段和介质强度恢复时段。若电弧能够重燃,则 H 点为下一周期的电弧燃烧起点,实际上,I 点也为电弧的重燃点。在这个电弧燃烧电流的周期变化过程中,I 到 J 和 G 到 H 表现出了十分明显的零休现象。

(2)电感性负载时电弧的实验研究

将实验电路中的负载更改为 0.1 H 的电感再次进行实验,重复实验步骤①和②后得到的纯电感性负载下电弧的电压/电流波形如图 2-5 所示。

① 实验的物理现象

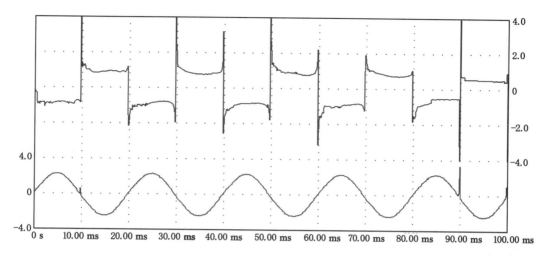

图 2-5　0.1H 电感负载电弧的电压/电流波形

实验过程中,电弧发生后产生剧烈的燃烧,并伴有强烈的发声发光现象。两电极的触头瞬间即被熔化,并发出强烈的蓝色光芒及嗤嗤声响,模拟电极周围产生大量热效应。实验结束后,触头的尖形被消顶成为小球形。将负载电感值增加,重复进行多次实验后发现,负载电感值的增加,会使电弧的燃烧现象表现得更为剧烈,如更为迅速地熔化触头,更为强烈的发声发光现象以及更强大的热效应。

② 电弧形成过程分析

分析本组实验得到的电压/电流波形如图 2-5 所示,纯电感性负载下电弧稳定燃烧时,电压波形特征表现为近似方波的变化,并伴有周期性尖顶现象;电流波形特征表现为基本与回路电流相同的正弦波变化,没有出现明显的零休现象。由于本组实验中纯电感性负载的储能作用,使得在电弧燃烧过程中,一旦电极两端的电压不够高,所能够维持的电弧电流通路的电场强度不够大,自由电子数目不够多时,存储在电感中的能量就会及时释放,从而补充维持电弧燃烧的能量,使电弧的弧隙导电通路得以继续导通,电弧持续燃烧下去。所以如果电感储备了充足的能量,则当两电极间的空气间隙被击穿从而使极间空气隙从绝缘变为导体,使得电流得以流通时,电弧就能连续不断地燃烧下去,实验中剧烈的燃烧现象就是电弧燃烧时强烈地释放能量的表现。

（3）阻感性负载时电弧的实验研究

现实中的电气负载基本没有纯粹的电感性负载,而以阻感性负载居多。因此研究阻感性负载的电弧特性更接近实际情况。

将 100 W 灯泡与不同感值的电感串联充当负载再次进行实验,重复实验步骤后得到的电流电压波形如图 2-6 所示。

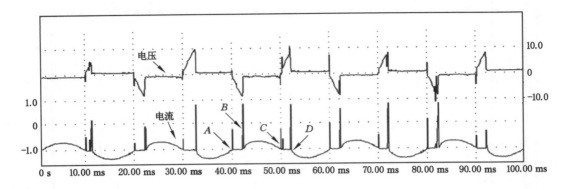

图 2-6　阻感性负载电弧的电压、电流波形

① 实验的物理现象

实验中电弧燃烧时的燃烧现象依然比较剧烈,表现出强烈的发声发光现象。电弧燃烧过程中,电极触头发出强烈的蓝色耀眼光芒,伴有呲呲声响,在电极周围有大量的热效应发生。实验结束后,观察到两电极的触头表面有被熔化的现象,而电极触头表面的大部分面积均被氧化而覆盖了一层氧化层。负载电感值增加后,电弧燃烧更为剧烈,表现为更为强烈的发声发光现象以及更强大的热效应。

② 电弧形成过程分析

分析本组实验得到的电压/电流波形如图 2-6 所示,阻感性负载下电弧稳定燃烧时,电压波形表现为基本以零值为轴做正负对称的上下徘徊,并呈现周期性尖顶现象;电压波形上对电弧的重燃过程表现得比较明显,并有很清晰的时间上的持续;而电弧的熄灭过程表现得不十分明显,电弧在稳定燃烧过程中(电压波形上表现为零值上下的某一点保持稳定部分),当电极两端的电压降低、电场强度减弱、自由电子数量减少从而不足以维持电弧气隙继续保持导电状态时,电压表现为直接反向,即直接穿过零点反向重燃,这是负载中电感储备的能量在电弧熄灭后迅速补充能量维持电弧重新燃烧的结果。

阻感性负载下电弧的电流波形在图 2-6 中表现为除一些特殊点处发生类似冲击畸变外,电流波形基本为正弦波形变化。图中 A-B 段为电流过零点到电弧重燃的过程,B-C 段为电弧正常燃烧过程,C-D 段为电弧熄灭过零点重燃过程。在 A、B、C、D 四点上均发生了类似冲击畸变,这是阻感性负载中大电感性质使得负载放电的结果。

2.2.2.3　实验结果分析

根据以上对电弧燃烧机理的分析以及对实验结果的分析,可以得出以下结论:

① 感性负载对电弧电压/电流值的影响

电弧燃烧过程的主要变化是在电弧的起点与终点,即电弧的重燃部分与熄灭部分,其余时段是正常燃烧部分。在电弧的正常燃烧时段里,两电极间的导电通道中形成比较稳定的正负电子流,即导电通道达到电子流的动态平衡。因此在电弧正常燃烧时段里,电弧的电压值基本维持一个固定值。但由于电感的储能作用,使得电压在正常反向后,感性负载将释放出与电压方向相同的正电荷,而这些正电荷附加在电弧两模拟电极两端,增大了电极间电弧电压的幅值。而随着电感储备能量的持续释放,其能量释放量会变得越来越小,从而使电极间电弧电压也随之下降,这个影响现象在纯电感性负载的电压波形中表现得十分明显,如图 2-6 中的电压波形所示。

② 感性负载的大小对电流零休现象的影响

从以上三组实验的波形图图 2-4、图 2-5、图 2-6 的对比中可以看出,若回路中存在电阻性负载,在电弧燃烧过程中的重燃和熄灭时段上,电弧电流波形上就会表现出比较明显的零休现象,如图 2-4 和图 2-6 所示;而若负载不表现电阻性,则在电弧燃烧过程中的重燃和熄灭时段上,电弧电流波形上就无明显的零休现象,如图 2-5 所示。

若回路中的负载表现有较大值的电感性,在电感储能作用的影响下会缩短电流的零休过程,甚至电感所提供的能量足够大以至于电弧在过零熄灭后不经过零休过程而直接重燃,即在电流波形上表现为零休现象的消失。因此当负载的电感性表现得十分强烈(即负载的电感值占负载比例比较高)时,电流的波形大致呈现类同于电源波形的正弦波方式变化,如图 2-5 所示。但关于能够促使电流零休现象消失的电感阈值的大小或计算公式,目前在国内外还是未攻破的难题。而在实际中,普通建筑物通常不存在完全的电感性负载,并且阻感性负载中,表现电感感性的电感值通常都在 mH 数量级上,所以在实际中不会出现由于负载电感值的过大而使故障电弧中电流的零休现象消失的情况。但在工程实际中,当故障电弧发生后,负载存在的一定量的小电感值会引起故障电弧的持续燃烧,并会产生剧烈的发光发热现象以及强烈的热效应,这些都会促进故障电弧的持续燃烧,增大电气火灾发生的可能性。

③ 不同负载下的电弧电压、电流的特点

线路中不同的负载对应着不同的故障电弧的电压/电流波形。根据以上的理论分析及实验验证,总结出不同负载下故障电弧电压/电流波形中零休现象的特征,如表 2-2 所示。

表 2-2　故障电弧电压、电流特征

负载类型	电压		电流	
	重燃零休现象	熄灭零休现象	重燃零休现象	熄灭零休现象
电阻性负载	明显	明显	明显	明显

表2-2（续）

	电压		电流	
电感性负载（大电感）	不明显	不明显	不明显	不明显
阻感性负载	明显	不明显	明显	明显

2.3 国内外故障电弧的研究进展

国外对电弧故障的危害认识较早，低压电弧的理论研究最早开始于 20 世纪 70 年代，学者们对故障电弧的数学模型[80]、特性[81]作了深入的研究。

Lu Shibo 等人主要研究了光伏系统（PV）中的直流电弧故障检测技术，强调了直流电弧故障仿真对特性研究和故障诊断的重要性[82]；Zhang Zhenyuan 等人为全面分析短间隙中低压电弧故障的电压特性，探讨了电弧电压建模的数学方法[83]；Kim Yong-Jung 等人分析了直流断路器中串联断弧在三个运行阶段的特征：启动、维持和熄灭，并且基于这 3 个运行特性，提出了一种串联断弧模型[84]。

国外的一些研发机构利用电弧的光效应研制开发了弧光检测与保护系统，如德国 Moeller 公司的低压开关柜故障电弧保护系统、ARCON ABB 的 ARC Guard System 故障电弧保护系统、芬兰 Vaasa 公司的 VAMP 系统等。这些系统都是通过检测电弧发生故障时的弧光和过流信号来进行保护的，该方法为限制电弧故障损坏提供了途径。

利用电弧电流的频域特性进行检测也是故障电弧检测的可行方案，因此在电弧检测中也引入了傅立叶分析[85,86]、小波分析[87,88]、神经网络[89,90]等信号处理算法。

Gu Jyh-Cherng 等人将采集到的电流信号进行快速傅立叶变换（FFT）后综合分析来判断光伏系统中的直流串联电弧故障[91]；为了防止因电源质量、负载性质等引入干扰因素而造成的误判，Na Qu 将傅立叶分解后的结果引入到神经网络中进行训练，可得到较为准确的判断结果[92]。

由于故障电弧信号的非线性和随机性不能满足 FFT 所要求的系统线性及信号稳定，国内外学者又把小波分析引入到了电弧故障检测中，韩国学者提出一种采用离散小波变换（DWT）频率分析方法的直流串联电弧故障检测器[93]。

国内对故障电弧的研究起步较晚，但随着近年来故障电弧引起电气火灾事故越来越凸显，越来越多的学者投入到了故障电弧的研究中来。江润等在 Mayr 模型的基础上提出了一种改进型的串联故障电弧模型，弥补了经典电弧模型在阻性负载和阻感性负载下丢失一些原本电弧所具有的特征[94]；鲍光海等通过分析电弧熄灭重燃时高频剩余磁通的耦合信号,利用高阶统计量工具计算出其峭度值进行判断串联故障电弧[95]。

西安交通大学利用光纤面阵研究了电弧动态图像运动规律;河北工业大学利用高速 CCD 芯片研究了电弧图像高速采集与处理。

在电弧检测的算法上出现了谐波分析法、功率分析法、图像边缘检测法等。谐波分析是指通过分析产生电弧时的电流/电压的谐波成分,实现对电弧的检测;功率分析方法是指通过分析电弧产生时的电流/电压的功率,完成对电弧的检测;图像边缘检测是指基于边缘检测算法来处理所采集到的电弧的图像信息,从而实现对电弧的检测。

2.4　基于小波分析的故障电弧检测方案

故障电弧是引起电气火灾的重要原因之一,及时有效检测故障电弧的发生,就能有效预防电气火灾。在对故障电弧的机理分析及实验研究后,提出了以下故障电弧在线检测方案:

① 对故障电弧的周期零休现象,供电线路上的电压或电流波形都能反映。但是由于电压信号不容易采集,因此若选用电压信号作为检测对象,存在不能或不容易实现的问题。综合考虑后选择采集电流信号作为故障电弧的物理参数,因为电流信号里包含了故障电弧的特征,能够通过这些特征实现对故障电弧的辨识,而且对电流信号的提取还是比较容易实现的。

② 电弧电流信号的分析方法的确定。通过本章对电弧产生机理的理论分析与实验验证,认识到故障电弧具有的一个十分重要的特性,即在电弧重燃与熄灭的过程中表现出十分明显的零休现象。若能够将电弧电流的零休现象作为电弧燃烧的特征参量进行提取与分析,则能够实现故障电弧的辨识从而完成电气火灾的早期预警。这不失为研究电气火灾的一个新的方向。若对电流信号进行采样,相当于对电流信号的离散化,则电弧电流上的零休特征离散化后,就表现为函数在该点的奇异性,在数学上一般采用利普西兹指数(Lipschitz α)来表征函数的奇异性。

傅立叶变换是经典的信号分析方法,采用傅立叶变换来分析某一信号 $f(x)$ 的奇异性,就是将该信号进行傅立叶变换后考察其衰减的情况。

当 $f(x)$ 的傅立叶变换 $\hat{f}(\omega)$ 满足

$$\int_{-\infty}^{+\infty} |\hat{f}(\omega)| (1 + |\omega|^{\alpha}) \mathrm{d}\omega < \infty \tag{2-1}$$

则有界函数 $f(x)$ 在整个实数域上是一致 Lipschitz α,即可认定该信号 $f(x)$ 具有奇异性。信号 $f(x)$ 在整个实数域上的正则性的一个充分条件即为式(2-1),但由于傅立叶变换本身的局限性,即傅立叶变换只能完成对信号的整个域值内的频率分析,而不具备对变量信息的空间定位功能,所以式(2-1)只能说明信号 $f(x)$ 具有了奇异性,但未能提供奇异点在阈值领域的具体位置。

小波变换具有空间局部化性质,能够更好地分析信号奇异点的位置及奇异性强弱,因此选用小波来完成电流信号的奇异性分析,从而实现电弧的检测。

2.5 本章小结

研究了故障电弧的形成机理,对故障电弧信号的零休特性进行了深入的理论剖析,为寻找故障电弧的有效检测方法提供了理论依据。实验验证并总结了电弧电压/电流的零休现象,在此基础上确定了检测故障电弧的物理参数,检测方式及检测算法。

第 3 章　基于小波奇异性分析的故障电弧检测方法研究

在数字信号处理领域里,傅立叶变换长期以来都被认为是信号分析中最完美、最广泛应用、效果最好的方法之一,它也一直被作为信号奇异性研究的基本方法。但傅立叶变换自身特性决定了其只能提供被研究信号的整个时间域下的整体频域特性,对被研究信号的局部时间段上的频率信息无能为力。所以傅立叶变换不具备空间上的局部性,用其做信号的奇异性分析,只能提供该信号奇异性的整体性质,不能提供信号奇异点的空间分布情况[96]。

近些年发展起来的另一种信号分析方法——小波变换能够克服传统傅立叶变换的不足。它的时/频窗的宽度能够调节,可以完成伸缩和平移等功能,从而实现被研究信号的多尺度细化分析。信号在某点处的小尺度下的小波分析完全由该点附近的局部信息所决定,因此小波变换对信号的瞬变信息能够有效检测,小波变换在信号的局部奇异性检测与分析上较傅立叶变换更有优越性,其能完成信号的奇异点定位及奇异性强弱的判断[97]。

3.1　小波分析的数学基础

小波变换的思想来源于傅立叶变换,又克服了傅立叶变换整体时频域分析的缺点,为了说明这一问题,首先简要分析傅立叶变换时频域分析的特点。

3.1.1　傅立叶变换及其时频分析特点

3.1.1.1　傅立叶变换

定义 3-1　信号 $f(t) \in L'(R)$ 的傅立叶变换为:

$$F\overline{(\omega)} = \int_{-\infty}^{+\infty} e^{-i\omega t} f(t) dt \qquad (3\text{-}1)$$

定义 3-2 其逆变换为：

$$f(t) = \frac{1}{2\pi} \int_{-\infty}^{+\infty} e^{i\omega t} F\overline{(\omega)} d\omega \qquad (3\text{-}2)$$

称式(3-1)和式(3-2)为傅立叶变换对，通过该傅立叶变换对即可完成对某信号的分解与还原。

鉴于傅立叶变换在时间域上没有任何的分辨率，又出现了短时傅立叶变换。短时傅立叶变换是用傅立叶变换分析划分出时间间隔的信号，对信号的各个时间间隔进行变换分析，从而得到信号在各个时间间隔内的频率特征，即：

$$G(\omega, t) = \int_{-\infty}^{+\infty} f(t) \overline{g(t-\tau)} e^{-i\omega t} dt \qquad (3\text{-}3)$$

式(3-3)中，随着时间 τ 的变化，由窗函数 $g(t)$ 所确定的"时间窗"在 t 轴上移动，对函数 $f(t)$ "逐渐"进行分析。$G(\omega, t)$ 大概能够体现出 $f(t)$ 在时刻 τ、频率 ω 上所包含的"信号成分"的相对含量。区间 $[\tau-\delta, \tau+\delta]$，$[\omega-\varepsilon, \omega+\varepsilon]$ 被称为窗口，δ 表示时宽，ε 表示频宽，δ 和 ε 越小表示该时频分析的分辨率越高。理想情况自然是 δ 和 ε 同时取较小值，以便得到较好的时频分析效果。但由"测不准原理"可知，δ 和 ε 相互制约，无法同时满足取任意小值，因此，短时傅立叶变换虽然在某种程度上克服了标准傅立叶变换不具备局部分析的能力，但其也存在着本身无法克服的缺点，比如矩形窗口的形状是由窗口函数 $g(t)$ 确定的，δ 和 ε 是无法改变窗口形状的，只能改变窗口在相平面上的位置。所以短时傅立叶变换是只具备单一分辨率的变换形式，如果需要不同的分辨率，则必须重新设定窗函数 $g(t)$。鉴于此短时傅立叶变换适合于分析平稳信号，而对于非平稳信号，当波形的频率发生变化为高频时，需要较高的时间分辨率，此时要求 δ 尽量小；而当波形的频率变化为低频时，需要较高的频率分辨率，此时要求 ε 尽量小，短时傅立叶变换无法满足以上要求。

3.1.1.2 傅立叶变换无法进行时频局部化的原因

傅立叶变换无法完成时域局部化分析的原因是：

设某周期函数的傅立叶级数的指数表达式为：

$$f(t) = \sum_{n=-\infty}^{\infty} F_n e^{jn\Omega t} \qquad (3\text{-}4)$$

由三角函数集的正交性可知 $e^{j1\Omega t}, e^{j2\Omega t}, e^{j3\Omega t}, \cdots, e^{jn\Omega t}$ 相互正交，若 $f(t)$ 为非周期函数，则假定 $f(t)$ 的周期为 ∞，则由 $\Omega = \dfrac{2\pi}{T}$ 可得 Ω 无穷小，式(3-4) 可改写成由序列 $e^{j\omega_1 t}$，

$e^{j\omega_2 t}, e^{j\omega_3 t}, \cdots, e^{j\omega_n t}$ 组成,又由于 $\omega_1, \omega_2, \omega_3, \cdots, \omega_n$ 的无穷小间距,因此可以近似认为 $f(t)$ 这一非周期函数为连续的。从而可以将 $f(t)$ 近似表述为傅立叶级数形式:$f(t) = \sum_{n=-\infty}^{\infty} F_n e^{j\omega_n t}$,只是式中的 F_n 为无穷小,ω_n 的间距为无穷小。将该式代入式(3-1),得:

$$F(j\omega) = \int_{-\infty}^{+\infty} f(t) e^{-j\omega t} \,\mathrm{d}t \lim_{T\to\infty} \int_{-\frac{T}{2}}^{+\frac{T}{2}} f(t) e^{-j\omega t} \,\mathrm{d}t = \lim_{T\to\infty} \int_{-\frac{T}{2}}^{+\frac{T}{2}} \sum_{n=-\infty}^{\infty} F_n e^{j\omega_n t} e^{-j\omega t} \,\mathrm{d}t \tag{3-5}$$

根据 ω_n 间距的无穷小,设某 $\omega_{n_1} = \omega$,其他 $\omega_n \neq \omega$,则由三角函数集的正交性,得:

$$F(j\omega_{n_1}) = TF_{n_1} \tag{3-6}$$

由式(3-6)可知,函数 $f(t)$ 在某点处的傅立叶变换 $F(j\omega_{n_1})$ 可由 TF_{n_1} 表达,F_n 的含义为任意一个固定的频率分量,由 ω_n 间距的无穷小可得 F_n 均为无穷小,且由 ω_n 与 T 之间的关系可得 F_n 与 $\frac{1}{T}$ 属同阶无穷小。由于对函数 $f(t)$ 上每一点的傅立叶变换都需用到整个函数 $f(t)$,所以某固定点处的傅立叶变换值就表达了函数 $f(t)$ 在所有频率段内的内容。

从以上的分析中可以得到傅立叶变换没有时频局部化的能力,这是其明显的且自身无法克服的缺点,尤其是用来分析非平稳信号时,其不能提取出非平稳信号中的瞬变特征,而使其掩埋于周期成分中,因此无法得到明显的反应。

3.1.2　小波变换及其时频分析特点

3.1.2.1　连续及离散小波变换

(1) 连续小波变换

定义 3-3　设函数 $\psi(t) \in L^2(R)$ 满足:

$$C_\psi = \int_{-\infty}^{+\infty} |\hat{\psi}(\omega)|^2 \frac{\mathrm{d}\omega}{\omega} < +\infty \tag{3-7}$$

式(3-7)称为允许性条件,其中 $\hat{\psi}(\omega)$ 为 $\psi(t)$ 的傅立叶变换,$\psi(t)$ 被称为基小波或小波母函数。

定义 3-4　若对某基小波 $\psi(t)$ 作如下变换:

$$\psi_{a,b}(t) = \frac{1}{\sqrt{|a|}} \psi\left(\frac{t-b}{a}\right) \tag{3-8}$$

式(3-8)中,尺度参数 $a \in \mathbf{R}(a \neq 0)$;位移参数 $b \in \mathbf{R}$。$\psi_{a,b}(t)$ 就称为由基小波 $\psi(t)$ 生成的连续小波。

定义 3-5　设 $f(t) \in L^2$,$\psi(t)$ 是一个小波基函数,则有

$$W_f(a,b) = |a|^{-\frac{1}{2}} \int_{-\infty}^{+\infty} f(t) \overline{\psi(\frac{t-b}{a})} \mathrm{d}t, a \neq 0 \tag{3-9}$$

式（3-9）称为函数 $f(t)$ 关于函数族 $\psi_{a,b}(t)$ 的小波变换，其中 $\overline{\psi_{a,b}(t)}$ 为 $\psi_{a,b}(t)$ 的共轭函数。

小波变换的逆变换为：

$$f(t) = \frac{1}{C_\psi} \int_{-\infty}^{+\infty} \int_{-\infty}^{+\infty} a^{-2} W_f(a,b) \psi_{a,b}(t) \mathrm{d}a \, \mathrm{d}b \tag{3-10}$$

（2）离散小波变换

将连续小波变换中的尺度参数 a 和位移参数 b 离散化，就可得离散小波变换。如将式（3-8）中的 a 和 b 进行离散采样，可得：

定义 3-6 设 $a = a_0^j, a_0 > 0, j \in Z; b_0 = kb_0 a_0^j, b_0 \in R, k \in Z$，则 $\psi_{a,b}(t)$ 可改写为：

$$\psi_{j,k}(t) = a_0^{-\frac{j}{2}} \psi(a_0^{-j} t - kb_0)$$

$$DWT_{a,b} = \int f(t) \overline{\psi_{j,k}(t)} \mathrm{d}t \tag{3-11}$$

式（3-11）即称为离散小波变换。

式（3-11）中，$a_0 = 2$ 时即为二进小波变换，二进小波变换进行的是被分析信号频带的无重叠无遗漏划分，从而完成被分析信号的全频分解。若被检测信号的频带为 $0 \sim 100$ Hz，则进行一次二进小波变换后，信号在尺度一下被分为频带 $0 \sim 50$ Hz 和 $50 \sim 100$ Hz 上的信息；若继续进行二进小波变换，则是对其尺度一下的低频频带进行二进小波变换，则尺度二下信号的低频频带又被划分为 $0 \sim 25$ Hz 和 $25 \sim 50$ Hz 的信息，若继续进行二进小波变换，则继续对低频带进行划分……从而将被分析信号的信息分解到若干个互不重叠的频带上。二进小波变换的特点十分适合信号的奇异性检测。

由于尺度参数 a 和位移参数 b，使得小波变换的时频窗口的形状为两个矩形：

$$[b + at^* - a\sigma_\psi, b + at^* + a\sigma_\psi] \times [\frac{\omega^*}{a} - \frac{1}{a}\sigma_\psi, \frac{\omega^*}{a} + \frac{1}{a}\sigma_\psi] \tag{3-12}$$

位移参数 b 的取值会对时频窗口的相平面时间轴上的位置产生作用；尺度参数 a 会对时频窗口的频率轴上的位置产生作用，并且也会影响到窗口的伸缩。当面对高频分量时，a 值减小 b 值相应增大，时间窗口的宽度有所减小，频率窗口的高度有所增加；当面对低频分量时，a 值增大 b 值相应减小，则时间窗口的宽度有所增大，而频率窗口的高度有所减小。可见，对于不同的频率特点，小波变换能够自动完成步长取样的调节，这是其优于傅立叶变换和短时傅立叶变换之处。

3.1.2.2 小波变换时频局部化的原因

采用基小波函数 $\psi(t)$ 对信号 $f(t)$ 在 $-\infty$ 到 $+\infty$ 上进行小波变换。

取伸缩因子 $a=1$，则小波变换的表达式为：

$$W_f(1,b)=\int_R f(t)\psi(t-b)\mathrm{d}t \tag{3-13}$$

当位移参数 $b=1$ 时，可得：

$$W_f(1,1)=\int_R f(t)\overline{\psi(t-b)}\mathrm{d}t=\int_R f(t)\psi(t-1)\mathrm{d}t \tag{3-14}$$

由式（3-14）可以看出，小波变换 $W_f(1,b)$ 当 $b=1$ 时表示为 $f(t)$ 与 $\psi(t-1)$ 乘积后在 $-\infty$ 到 $+\infty$ 上的积分，可见，$b=1$ 点处的小波变换值仅与 $f(t)$ 在 $\psi(t-1)$ 时窗内的值有关。

当位移参数 $b=2$ 时，可得：

$$W_f(1,2)=\int_R f(t)\overline{\psi(t-b)}\mathrm{d}t=\int_R f(t)\psi(t-2)\mathrm{d}t \tag{3-15}$$

同样的从式（3-15）可得，小波变换 $W_f(1,b)$ 在 $b=2$ 点处的值仅与 $f(t)$ 在 $\psi(t-2)$ 时窗内的值有关。

由以上分析可知，小波变换 $W_f(1,b)$ 在某一区间上的值均存在一个 $f(t)$ 的区间与其相对应，从而证明了小波变换的时域局部化的特点。

3.1.3　多分辨分析与 Mallat 算法

3.1.3.1　多分辨率分析

多分辨率分析（MRA）又被称为多尺度分析，是小波分析中的一个十分重要的概念，是信号分解与重构计算机快速算法实现的理论基础。多分辨率分析将被分析信号映射到一组由相互正交的小波函数构成的子空间上，完成被分析信号的不同尺度的展开，从而得到信号不同频带的特征，并能存留信号在各尺度上的时域特征。

设有一串嵌套式闭子空间逼近序列 $\{V_j\}_{j\in\mathbf{Z}}$，其满足：

① 一致单调性：$V_j\subset V_{j+1}$；

② 渐进完全性：$\bigcap_{j\in\mathbf{Z}}V_j=\{0\}$，$\bigcup_{j=-\infty}^{} L^2(R)$；

③ 伸缩规则性：$f(t)\in V_j\Leftrightarrow f(2t)\in V_{j+1},j\in\mathbf{Z}$；

④ 平移不变性：$f(x)\in V_0\Leftrightarrow f(x-k)\in V_0,k\in\mathbf{Z}$；

⑤ 正交基存在性：存在 $\varphi(t)\in V_0$ 使得 $\{\varphi(x-k)\}_{k\in\mathbf{Z}}$ 是 V_0 的标准正交基；

W_j 为 V_j 在 V_{j+1} 的正交补空间，即 $V_{j+1}=V_j+W_j$。序列空间 W_j 由小波函数 $\psi(t)$ 的伸缩和平移生成；子空间 V_j 由尺度函数 $\varphi(x)$ 的伸缩和平移生成，即：

$$V_j=\mathrm{span}(\varphi_{j,k}(x)),j,k\in\mathbf{Z}$$

其中，$\varphi_{j,k}(x) = 2^{\frac{j}{2}} \varphi(2^j x - k)$。

因被分析信号 $f(x)$ 可在子空间 V_j 上无穷逼近，而其余的各项可在序列空间 W_j 上得到，所以若减小 j 值，V_j 可转移能量给 W_j，即：

$$V_j = W_{j-1} \oplus V_{j-1} = W_{j-1} \oplus W_{j-2} \oplus V_{j-2} = \cdots = W_{j-1} \oplus W_{j-2} \oplus W_{j-3} \oplus \cdots$$

当 $j \to \infty$ 时，$V_j \to L^2(R)$

$$L^2(R) = \cdots \oplus W_{-2} \oplus W_{-1} \oplus W_0 \oplus W_1 \oplus W_2 \oplus \cdots = \bigoplus_{j \in \mathbf{Z}} W_j$$

设被分析信号 $f(x)$ 的采样序列为 $f(n)$，尺度 $j = 0$ 时 $f(n)$ 的近似表达式为 $c_0(n)$，则被分析信号 $f(x)$ 的离散小波变换由式(3-16)确定：

$$\begin{cases} c_{jl} = \sum_{k \in Z} h_{k-2l} c_{j+1,k} \\ d_{jl} = \sum_{k \in Z} g_{k-2l} c_{j+1,k} \end{cases} \tag{3-16}$$

其中，c_{jl} 表示小波分解空间 V_j 的第 l 个尺度系数，d_{jl} 表示小波分解空间 W_j 的第 l 个小波系数。h_n 和 g_n 分别为由小波函数 $\psi(x)$ 确定的两列共轭滤波器系数。

则尺度函数 $\varphi(x)$ 和小波函数 $\psi(x)$ 由两尺度方程式(3-17)完全确定：

$$\begin{cases} \varphi(x) = \sqrt{2} \sum_{k=-\infty}^{\infty} h_k \varphi(2x - k) \\ \psi(t) = \sqrt{2} \sum_{k=-\infty}^{\infty} g_k \varphi(2x - k) \end{cases} \tag{3-17}$$

图 3-1 所示为一个三层小波分解树示意图，可见，多分辨率分析实际上是为了构造一组在频率上高度逼近 $L^2(R)$ 空间的正交小波基，这组频率分辨率不同的正交小波基就等同于具有不同带宽的带通滤波器。另外多分辨率分析也只是针对低频带的逐级分解，从而使频率分辨率逐级提高。

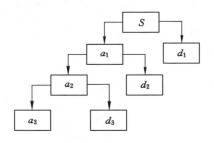

图 3-1　三层多分辨率分解树结构图

3.1.3.2　Mallat 算法

正交小波变换的快速算法是由法国学者 Mallat 创建的，因此也称为 Mallat 算法，采用该算法对被分析信号进行时/频分析时,只需要被分析信号的相关数据和双尺度方程的传递系数 $\{h_n\}$ 和 $\{g_n\}$,并不需要尺度函数 $\varphi(x)$ 和小波函数 $\psi(x)$ 的具体表达形式。该算法在小波变换中具有相当于快速傅立叶变换在傅立叶变换中的重要地位。

从多分辨分析中可知被分析信号 $f(t) \in L^2(R)$ 可以分解为无穷个小波分量的直和,而对于正交小波 $\psi(t)$,可得:

$$L^2(R) = \bigoplus_{j \in \mathbf{Z}} W_j = \cdots \oplus W_{-1} \oplus W_0 \oplus W_1 \oplus \cdots \tag{3-18}$$

在工程实践中,经采样得到的被分析信号可认为是 $f(t)$ 的近似函数 $f^n(t)$,则可认为 $f^n(t) \in V_n$,则尺度空间的有限分解为:

$$V_{n+1} = W_n \oplus V_n = W_n \oplus W_{n-1} \oplus V_{n-1} = W_n \oplus W_{n-1} \oplus \cdots \oplus W_0 \oplus V_0 \tag{3-19}$$

式(3-19)中,子空间及其分量分别表述为:

$$f^j(t) = \sum_k c_k^j \varphi_{j,k}(t), f^j(t) \in V_j$$

$$w^j(t) = \sum_k d_k^j \psi_{j,k}(t), w^j(t) \in W_j$$

$$\varphi(t) = \sum_n h_n \varphi(2t-n), \varphi(t) \in V_0$$

$$\psi(t) = \sum_n g_n \varphi(2t-n), \psi(t) \in V_j$$

可以这样认为:小波分解算法就是当 $\{\varphi(t-n)\}$ 为标准正交基时,已知 $\{c_k^{j+1}\}$、$\{h_n\}$ 和 $\{g_n\}$,求 $\{c_k^j\}$ 和 $\{d_k^j\}$。

根据 $V_1 = V_0 \oplus W_0$ 与 $\{\varphi(t-n)\}$ 的正交性可知:

$$c_n^0 = (f^0, \varphi_{0,n}) = (f^0 + w^0, \varphi_{0,n}) = (f^1, \varphi_{0,n}) = \sum_k c_k^1 (\varphi_{1,n}, \varphi_{0,n})$$

$$= \sum_k c_k^1 (2^{\frac{1}{2}} \varphi(2t-k), \varphi(t-n)) = (\sum_k c_k^1 (2^{\frac{1}{2}} \varphi(2t-k), \sum_m h_m \varphi(2(t-n)-m))$$

$$= 2^{\frac{1}{2}} \sum_k c_k^1 \sum_m h_m (\varphi(2t-k), \varphi(2t-2n-m)) \tag{3-20}$$

令 $k = 2n+m$,由式(3-20)可得:

$$c_n^0 = 2^{-\frac{1}{2}} \sum_k c_k^1 h_{k-2n} \tag{3-21}$$

同理:

$$d_n^0 = 2^{-\frac{1}{2}} \sum_k c_k^1 g_{k-2n} \tag{3-22}$$

依次类推,当 $V_{j+1} = V_j + W_j$ 时,则分解关系式一般如式(3-23)所示:

$$\begin{cases} c_n^j = 2^{-\frac{1}{2}} \sum_k c_k^{j+1} h_{k-2n} \\ d_n^j = 2^{-\frac{1}{2}} \sum_k c_k^{j+1} g_{k-2n} \end{cases} \tag{3-23}$$

重构算法是分解算法的逆过程：

$$c_n^{j+1} = 2^{-\frac{1}{2}} \left(\sum_k c_k^j h_{n-2k} + \sum_k c_k^j g_{n-2k} \right) \quad (3-24)$$

可见小波分解的过程可以被认为是对被分析信号的采集序列进行双通道滤波的过程，通过双通道滤波后得到的输出分别表达了被分析信号的低频信息与高频信息。由于两滤波器的输出序列长度与被分析信号的序列长度相同，所以滤波后的总长度是原始信号长度的两倍。由于滤波后原始信号的频带被等分为低频部分和高频部分，所以滤波后输出序列的带宽只有原始信号的一半。根据带限信号采样定理，可以对滤波后的输出信号进行二抽取，从而使采样率降低一半而不会丢失任何信息。

图 3-2 所示为二抽取的分解示意图，图中符号 $\boxed{\downarrow 2}$ 表示二抽取，对应的 c_{j-1}^k 和 d_{j-1}^k 的数据长度为上一小波变换尺度的一半，使总的输出序列长度与输入长度保持一致。小波重构过程是小波分解的逆过程，图 3-3 所示为二差值重构示意图，图中的符号 $\boxed{\uparrow 2}$ 表示二插值。

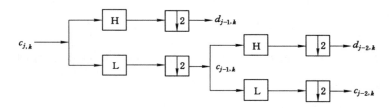

图 3-2　二抽取分解示意图

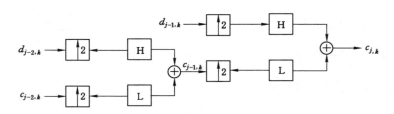

图 3-3　二差值重构示意图

3.2　小波分析奇异性检测的理论研究

对信号进行小波奇异性分析的第一步，是要进行小波函数的构造或选择。选用什么样的函数作为小波函数需参考被检测信号的特征。

3.2.1　基于小波奇异性分析的小波函数的选取原则

对非平稳信号进行小波分析,可使得该信号的点状奇异性特征得到正确提取。从函数波形特征上看,由于脉冲信号存在尖顶,阶跃信号存在尖锐拐点,因此这两种信号上的奇异性十分显著。在对故障电弧电流信号进行小波分析时,由于电流信号波形上的干扰部分十分类似存在尖顶的形状,因此将电流信号上的干扰部分用脉冲函数来表示;而电流信号波形上的畸变部分形状十分类似尖锐拐点,因此将电流信号上的畸变部分用阶跃函数来表示。

设 $\theta(t)$ 满足 $\theta(x)=O(\dfrac{1}{1+x^2})$,其为低通函数且积分为零。当用 $\theta(t)$ 与被检测信号 $f(t)$ 进行卷积运算时,$(f*\theta)(t)$ 衰减了 $f(t)$ 的高频信息但不改变低频部分,因此认为平滑了 $f(t)$,这就是 $\theta(t)$ 的平滑功能,称其为平滑函数。

取:

$$\psi^1(t)=\frac{\mathrm{d}\theta(t)}{\mathrm{d}t} \tag{3-25}$$

$$\psi^2(t)=\frac{\mathrm{d}^2\theta(t)}{\mathrm{d}t^2} \tag{3-26}$$

令:

$$W^1f_a(t)=f*\psi_a^1(t) \tag{3-27}$$

$$W^2f_a(t)=f*\psi_a^2(t) \tag{3-28}$$

则:

$$W^1f_a(t)=f*(a\frac{\mathrm{d}\theta_a}{\mathrm{d}t})(t)=a\frac{\mathrm{d}}{\mathrm{d}t}(f*\theta_a)(t) \tag{3-29}$$

$$W^2f_a(x)=f*(a\frac{\mathrm{d}^2\theta_a}{\mathrm{d}t^2})(t)=a^2\frac{\mathrm{d}^2}{\mathrm{d}t^2}(f*\theta_a)(t) \tag{3-30}$$

小波变换 $W^1f_a(x)$ 和 $W^2f_a(x)$ 分别与 $f(t)$ 被 $\theta(t)$ 平滑后的一阶和二阶导数成正比。

信号 $f(t)$ 由 $\theta(t)$ 进行平滑处理后为 $y(t)$,再对 $y(t)$ 进行求导后为 $z(t)$,去除中间参量并化简步骤后可知,这等于 $f(t)$ 直接被 $\dfrac{\mathrm{d}\theta}{\mathrm{d}t}$ 作用。因平滑函数的各阶导数均为带通函数,所以 $\psi^{(1)}(t)=\dfrac{\mathrm{d}\theta}{\mathrm{d}t}$,$\psi^{(2)}(t)=\dfrac{\mathrm{d}^2\theta}{\mathrm{d}t^2}$ 都可以作为小波变换的基本小波,且 $\psi^{(1)}(t)$ 的波形反对称,而 $\psi^{(2)}(t)$ 为对称。

若将 $\psi^{(1)}(t)$ 作为小波函数对信号 $f(t)$ 做小波变换,可认为是对 $f(t)$ 做一阶求导。根据我们对一阶导数的认识,对 $f(t)$ 一阶求导后的零值点对应原信号的极值点,而一阶求导后的极值点对应原信号的拐点,这一个过程即为小波变换过程。

若用 $\psi^{(2)}(t)$ 作为小波函数对信号 $f(t)$ 做小波变换,可以认为是对 $f(t)$ 作二阶求导。根据我们对二阶导数的认识,对 $f(t)$ 二阶求导后的零值点与原信号的拐点位置相对应,而二阶求导后的极大值点与原信号的极值点相对应。

通过上面的分析,分别选择具有反对称性的 bior1.5 小波和具有对称性的 bior2.8 小波作为 $\psi^{(1)}(t)$ 的小波函数和 $\psi^{(2)}(t)$ 的小波函数,对阶跃信号和脉冲信号进行小波分析,如图 3-4(a)、(b)所示。尺度选择是[1,2,4,8,16],将所选择的尺度都进行小波变换后,将小波变换的系数进行叠加,得到如图 3-5 所示的情况。

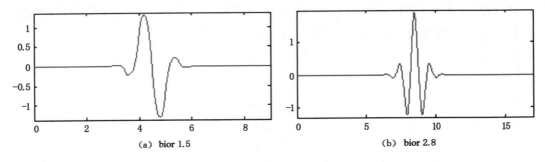

(a) bior 1.5　　　　　　(b) bior 2.8

图 3-4　$\psi^{(1)}(t)$、$\psi^{(2)}(t)$ 小波函数波形图

阶跃信号本身有两个突变点:上升沿时刻和下降沿时刻,如图 3-5(a)中所示;脉冲信号的突变点可有两种突变方式:正脉冲和负脉冲,如图 3-5(b)中所示。当采用 $\psi^{(1)}(t)$ 作为小波函数进行小波变换时,阶跃信号的突变点在小波变换系数上表现为模极大值点,见图 3-5(c)中所示,且信号突变形式为上升沿时刻时的小波变换对应负的模极大值,信号突变形式为下降沿时刻时的小波变换对应正的模极大值;脉冲信号的突变点在小波变换系数上表现为零点的上下畸变,如图 3-5(d)所示,且正脉冲突变点的小波变换对应的零点畸变为先负模极大值后正模极大值,负脉冲突变点的小波变换对应零点的畸变为先正模极大值后负模极大值。

当采用 $\psi^{(2)}(t)$ 作为小波函数进行小波变换时,阶跃信号的突变点在小波变换系数上表现为零点的上下畸变,如图 3-5(e)所示,且信号突变形式为上升沿时刻时的小波变换对应的零点畸变形式为先负模极大值后正模极大值,信号突变形式为下降沿时刻时的小波变换对应的零点畸变形式为先正模极大值后负模极大值;脉冲信号的突变点在小波变换的系数上表现为模极值点,如图 3-5(f)中所示(忽略部分噪声),且信号突变形式为正脉冲时刻时的小波变换对应正向模极大值,而信号突变形式为负脉冲时刻时的小波变换对应负向模极大值。

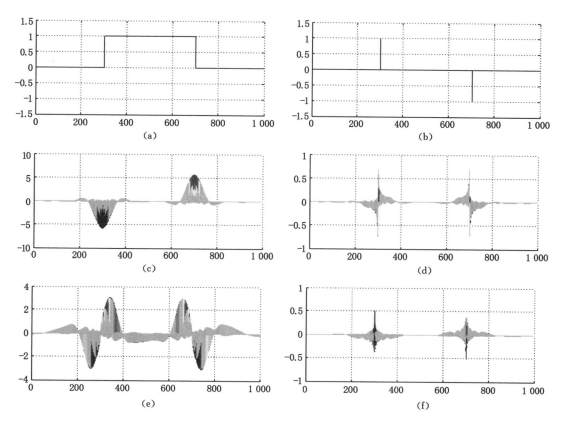

图 3-5   脉冲信号与阶跃信号的小波变换系数叠加

通过以上分析可知,被检测信号的奇异点在其小波变换后的零值点或极值点上有明确的体现。因此可以通过分析被检测信号经小波变换后的零值点或极值点来确定被检测信号的奇异点位置及幅值。但由于零点比较特殊且容易受到干扰噪声的影响,所以选取模极大值作为信号的特征参量。如此,则若要检测故障电弧,可将故障电弧电流在燃弧开始与熄灭处的零休特性作为故障电弧检测的特征参量,其波形特征与阶跃信号的特征十分相似,而正交二次样条小波函数具有反对称性,以及小波奇异性检测所要求的双正交性和紧支撑性,所以最终选定正交二次样条二进小波作为进行故障电弧电流波形小波变换所使用的小波函数。

3.2.2   信号的奇异性信息与小波变换模极大值的关系

若一个函数可以求取无限次的导数,则称该函数为光滑的或无奇异的,若该函数在某点处不再连续而出现间断情况，或进行求导时的某一阶导数出现了不连续的情况，则认为函数在该点处存在奇异性，该处为函数的奇异性点，通常情况下，信号所表现出来的奇异性特征或非正则结构往往涵盖了信号的特征信息。

数学上，信号或函数中奇异点的奇异性强弱一般采用 Lipschitz 指数来表示[98]。

（1）Lipschitz 常数的定义及含义

① 若信号或函数 f 在 v 点（$v \in \mathbf{R}$）有：

$$\forall t \in \mathbf{R}, \left| f(t) - p_v(t) \right| \leqslant K_v \left| t - v \right|^{\alpha} \tag{3-31}$$

其中 $m = \lfloor \alpha \rfloor$ 次多项式 p_v，则称函数 f 在 v 点为 Lipschitz α（$\alpha \geqslant 0$）。

② 若有一个常数 K，式（3-7）能够对一切 $v \in [a, b]$ 上的点都成立，且 $[a, b]$ 区间包括了无限区间的情况，同时 K 满足 $K > 0$ 且与 v 无关，则称函数 f 在区间 $[a, b]$ 上是一致 Lipschitz α（$\alpha \geqslant 0$）的。

③ 若 α_0 是 $f(t)$ 在 v 点处的 Lipschitz α 的一切 α 的上限值，即 α_0 为所有 α 中的最大的值，则 α_0 表达了信号函数在此处位置的正则性特点，因此将其作为信号函数 $f(t)$ 在 v 点位置上的 Lipschitz 指数，以上为求解信号函数在某点位置上的 Lipschitz 指数的方法，可以用类似的方式求取信号函数 $f(t)$ 在一个时间段或一个区域上的 Lipschitz 指数。

相对于任意某点 $v \in \mathbf{R}$，多项式 $p_v(t)$ 是唯一确定的。若 $f(t)$ 在点 v 的某邻域内是 $m = \lfloor \alpha \rfloor$ 次连续可微的，则 $p_v(t)$ 是 $f(t)$ 在 v 点的泰勒级数展开式的前 $m+1$ 项构成的多项式，即

$$p_v(t) = \sum_{k=0}^{m} \frac{f^{(k)}(v)}{k!}(t - v)^k \tag{3-32}$$

其中，$f^{(k)}(v)$ 表示 $f(t)$ 在点 v 的 k 阶导数，$k = 0, 1, \cdots, m$。若 $m = 0$，则 $p_v(t) = f(t)$。

在工程上，可将 p_v 看作是 $f(t)$ 在 v 点的泰勒级数展开式的前 n 项。α 的数值正好表达了 $f(t)$ 在 t_0 处的 n 阶连续可导性，通常情况下，能够采用函数中某点的 Lipschitz 指数即 α 的值来表达函数在该点的光滑程度。α 的数值越大，函数在该点就越光滑，越没有奇异性；α 的数值越小，函数在该点的奇异性就越大。

若函数 $f(t)$ 在点 v 位置处连续并且可微，则 $f(t)$ 在该位置处的 Lipschitz 指数等于 1；若函数 $f(t)$ 在 v 点位置处可微，而其导数在该位置处为有界的但不连续，$f(t)$ 在该点的 Lipschitz 指数依然等于 1；若函数 $f(t)$ 在 v 点位置处不连续但有界，$f(t)$ 在该点的 Lipschitz 指数等于 0。

若函数 $f(t)$ 在点 v 位置处的 Lipschitz 指数小于 1，则称函数 $f(t)$ 在点 v 位置处是奇异的。若函数 $f(t)$ 的 Lipschitz 指数 α_0 满足 $n<\alpha_0<n+1$，则称 $f(t)$ 在点 v 位置处是 n 次可微的，但其 n 次导数 $f^{(n)}(v)$ 在 v 点位置处是奇异的，其 Lipschitz 指数为 α_0-n，这样 α_0 也能够表达奇异性特征。

Lipschitz 指数的概念还可以扩展到 $-1\leqslant\alpha_0<0$ 的范围。如果 $f(t)$ 的原函数 $F(t)$ 在点 v 位置处为 Lipschitz α_0+1，$(-1\leqslant\alpha_0<0)$，就称 $f(t)$ 在点 v 位置处为 Lipschitz α。Lipschitz 指数数值表现为负数的时候则表达了函数在该位置处拥有比不连续（$\alpha=0$）还要强烈的奇异性。Dirac 函数 $\delta(t)$ 的原函数是一个有界限的但并不连续的函数，也可叫作阶跃信号函数，阶跃信号的 Lipschitz 指数是 0，所以 $\delta(t)$ 的 Lipschitz 指数为 -1。

（2）Lipschitz 指数和小波变换模极大值点之间的关系

假如小波函数 $\psi(t)$ 为连续函数并且可微，并且在位于无极限的远处位置，其衰减速率是 $O(\frac{1}{1+t^2})$，Mallat 能够证明当 t 在区间 $[m_1,m_2]$ 中时，若 $f(t)$ 的小波变换满足：

$$|W_a f(t)|\leqslant ka^\alpha \tag{3-33}$$

即：

$$\log|W_a f(t)|\leqslant \log k+\alpha\log a \tag{3-34}$$

其中，a 为尺度，k 为常数，则 $f(t)$ 在 $[m_1,m_2]$ 区间上的 Lipschitz 指数均为 α。

当 $a=2^j$ 时，上式变为：

$$|W_{2^j}f(t)|\leqslant k(2^j)^\alpha \tag{3-35}$$

或

$$\log_2|W_{2^j}f(t)|\leqslant\log_2 k+j\alpha \tag{3-36}$$

Lipschitz 指数 α 和小波变换的尺度特征 j 由式(3-36)中的 $j\alpha$ 项联系了起来。如果 $\alpha>0$，随着尺度的增大，小波变换的模极大值有所增大；如果 $\alpha<0$，随着尺度的增大，小波变换的模极大值有所减少；如果 $\alpha=0$，无论尺度是增大或是减少，小波变换的模极大值都不会随之发生变化。

（3）用小波变换的模极大值求解 Lipschitz 指数

如果选择连续小波进行信号的小波变换，则对式(3-34)取相等的情况，通过计算可以得到的近似式为：

$$\alpha\approx\frac{\log|Wf_{a_i}(t_0)|-\log|Wf_{a_j}(t_0)|}{\log a_i-\log a_j} \tag{3-37}$$

其中，a_i 和 a_j 是任意两尺度。据此分析可得，α 等于是在以 $\log a$ 为横坐标，以

$\lg|Wf_a(t)|$ 为纵坐标所构成的模极大值曲线，在其上取两点间直线的斜率。

如果选择二进制离散小波进行信号的小波变换，则对式(3-36)取相等的情况，通过计算可以得到的近似式为：

$$\alpha \approx \frac{\log_2|w_{2^i}f(i,t_0)| - \log_2|w_{2^i}f(j,t_0)|}{i-j} \qquad (3\text{-}38)$$

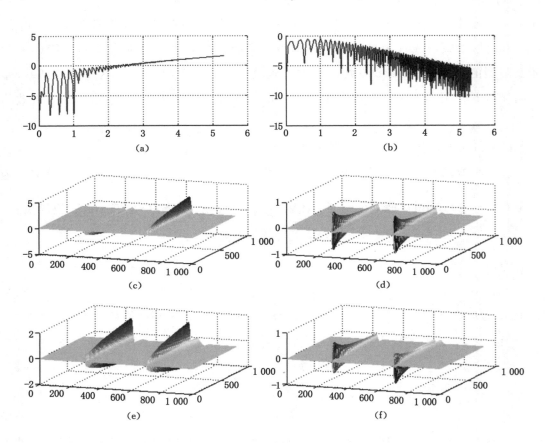

图 3-6　阶跃信号和脉冲信号小波变换结果

采用连续小波对脉冲信号和阶跃信号进行小波变换，尺度选择为 $a=[1:0.05:40]$，变换后的结果按照以上分析作图，如图 3-6 所示。其中图 3-6(a)示出的为阶跃信号的 $\log a - \lg|Wf_a(t)|$ 图，其斜率表达了阶跃信号的 Lipschitz 指数；图 3-6(b)表示的为脉冲信号的 $\log a - \lg|Wf_a(t)|$ 图，其斜率表达了脉冲信号的 Lipschitz 指数；图 3-6(c)表示的是阶跃信号在 bior1.5 下的连续小波变换图；图 3-6(d)表示的是脉冲信号在 bior1.5 下的连续小波变换图；图 3-6(e)表示的是阶跃信号在 bior2.8 下的连续小波变换图；图 3-6(f)表示的是脉冲信号在 bior2.8 下的连续小波变换图。

通过以上的理论分析,Lipschitzα 的计算与模极大值线之间存在密切的关系。要想找出被检测信号的模极大值线,就必须选用连续小波对该信号进行小波变换,并且必须在一个稠密的尺度序列上进行计算才能很好地找到该被检测信号的模极大值线。当选择二进小波做小波变换时,简单的 adhoc 算法即可完成对被检测信号的模极大值线的求解,这种算法的思路为:当尺度为 2^j 上的一个模极大值点传播到尺度为 2^{j+1} 上的另一个模极大值点时,就认为两个模极大点属于同一条模极大值线;对于尺度 2^j 上一个模极大值 a,当它与尺度 2^{j+1} 上的一个模极大值 b 的符号相同,且位置也比较靠近并具有较大的幅值,就认为 b 为 a 的传播点。通过以上方法可以找到被检测信号的模极大值线。

3.3　小波函数的构造及小波变换的快速算法研究

在以上对小波信号的奇异性检测原理的分析研究的基础上,以及第 2 章对故障电弧特征信息的研究基础上,最终选取正交二次样条小波作为小波函数对电弧信号进行小波变换。进行小波变换前,第一步应建立出正交二次样条小波函数。由于小波变换的快速算法必须以小波滤波的形式才能完成,为了应用小波变换的快速算法,将小波函数构造成小波系数形式的小波滤波器。

3.3.1　正交二次样条小波的构造

在理论上,想要得到二进小波,可通过构建离散小波的方式来实现。但实际应用中的二进小波最好为某一平滑函数的导数。

构造二进小波的思路是:设 $\hat{h}(\omega)$、$\tilde{\hat{h}}(\omega)$ 为低通滤波器,$\hat{g}(\omega)$、$\tilde{\hat{g}}(\omega)$ 为高通滤波器,φ 和 $\tilde{\varphi}$ 为能量有限的尺度函数,ψ 和 $\tilde{\psi}$ 为小波。

如果 $\psi(t)$ 为二进小波得到验证,则可选择其作为本次小波变换的函数,并称 $\tilde{\psi}(t)$ 是 $\psi(t)$ 的重构小波。以下为 $\psi(t)$ 是否二进小波的验证。

若存在 $A>0$ 和 $B>0$ 使得:

$$A(2-|\hat{h}(\omega)|^2) \leqslant |\hat{g}(\omega)|^2 \leqslant B(2-|\hat{h}(\omega)|^2) \tag{3-39}$$

且若 φ 属于 $L^2(R)$,有以下关系成立:

$$\sqrt{2}A(|\hat{\varphi}(2^{-l-1}\omega)|^2 - |\hat{\varphi}(2^j\omega)|^2) \leqslant |\hat{\psi}(2^j\omega)|^2 \leqslant \sqrt{2}B(|\hat{\varphi}(2^{-l-1}\omega)|^2 - |\hat{\varphi}(2^j\omega)|^2) \tag{3-40}$$

令 l,k 都趋于 $+\infty$,即可得到 $\sqrt{2}A \leqslant \sum_{j=-l}^{k} |\hat{\psi}(2^j\omega)|^2 \leqslant \sqrt{2}B$。

证毕，$\psi(t)$ 是二进小波。

为了减少方程组中未知量的数量，一般假定 $\varphi = \tilde{\varphi}$，则很明显的：$h = \tilde{h}$。则求解方程组可简化为：

$$\begin{cases} \hat{\varphi}(\omega) = \dfrac{1}{\sqrt{2}} \hat{h}(\omega/2) \hat{\varphi}(\omega/2) \\[2mm] \hat{\psi}(\omega) = \dfrac{1}{\sqrt{2}} \hat{g}(\omega/2) \hat{\varphi}(\omega/2) \\[2mm] \hat{\tilde{\varphi}}(\omega) = \dfrac{1}{\sqrt{2}} \hat{\tilde{g}}(\omega/2) \hat{\varphi}(\omega/2) \\[2mm] |\hat{h}(\omega)|^2 + \hat{\tilde{g}}(\omega) \hat{g}^*(\omega) = 2 \end{cases} \tag{3-41}$$

若进一步假定，$\psi = \tilde{\psi}$，这显然等价于 $g = \tilde{g}$，则式（3-41）变为：

$$\begin{cases} \hat{\varphi}(\omega) = \dfrac{1}{\sqrt{2}} \hat{h}(\omega/2) \hat{\varphi}(\omega/2) \\[2mm] \hat{\psi}(\omega) = \dfrac{1}{\sqrt{2}} \hat{g}(\omega/2) \hat{\varphi}(\omega/2) \\[2mm] |\hat{h}(\omega)|^2 + |\hat{g}(\omega)|^2 = 2 \end{cases} \tag{3-42}$$

为了应用小波变换的快速算法，一般将小波滤波器构建成为有限脉冲滤波器。另外假定 $\psi(x) = \dfrac{\mathrm{d}\theta(x)}{\mathrm{d}x}$，即 $\hat{\psi}(\omega) = i\omega\theta(\omega)$，而 $\theta(x)$ 是平滑函数。

以下为两个重要推论：

推论 3-1 满足式（3-42）的尺度函数 φ 和小波 ψ，$\tilde{\psi}$ 的傅立叶变换必然满足以下关系：

$$|\hat{\varphi}(\omega)|^2 = \sum_{j \geqslant 1} \hat{\psi}^*(2^j\omega) \hat{\tilde{\psi}}(2^j\omega) \tag{3-43}$$

推论 3-2 满足式（3-42）的小波 ψ 必然是二进小波。

将满足式（3-42）的小波称为正交二进小波。

二次样条小波基本满足用于奇异性检测所要求的有限紧支撑、对称和一阶消失矩的特征，且收敛于 Canny 算子的 m 阶基数，所以采用二次样条小波实现故障电弧电流信号的奇异性小波分析，由式（3-42）可得：

$\varphi(t)$ 为二次盒样条函数：

$$\varphi(t) = \begin{cases} \dfrac{1}{2}(t+1)^2, & -1 \leqslant t < 0 \\[2mm] \dfrac{3}{4}(t-\dfrac{1}{2})^2, & 0 \leqslant t < 1 \\[2mm] \dfrac{1}{2}(t-2)^2, & 1 \leqslant t < 2 \\[2mm] 0, & \text{其他} \end{cases}$$

令 $\hat{\varphi}(\omega)$ 为二次盒样条函数的傅立叶变换，即

$$\hat{\varphi}(\omega) = \left(\frac{\sin(\omega/2)}{\omega/2}\right)^3 \mathrm{e}^{-\mathrm{i}\omega/2}$$

根据式(3-42)中的第一个方程式,则有:

$$\hat{h}(\omega) = \sqrt{2}\,\frac{\hat{\varphi}(2\omega)}{\hat{\varphi}(\omega)} = \sqrt{2}\left(\cos\frac{\omega}{2}\right)^3 \mathrm{e}^{-\mathrm{i}\omega/2}$$

计算得:

$$\hat{h}(\omega) = \frac{\sqrt{2}}{8}(\mathrm{e}^{\mathrm{i}\omega} + \mathrm{e}^{-\mathrm{i}2\omega} + 3 + 3\mathrm{e}^{-\mathrm{i}\omega})$$

则,根据式(3-43)中的第三个方程式,有:

$$|\hat{g}(\omega)|^2 = 2 - |\hat{h}(\omega)|^2 = 2 - \hat{h}(\omega)\hat{h}^*(\omega)$$

$$= 2\left(-\frac{1}{64}\mathrm{e}^{\mathrm{i}3\omega} - \frac{6}{64}\mathrm{e}^{\mathrm{i}2\omega} - \frac{15}{64}\mathrm{e}^{\mathrm{i}\omega} + \frac{44}{64} - \frac{15}{64}\mathrm{e}^{-\mathrm{i}\omega} - \frac{6}{64}\mathrm{e}^{-\mathrm{i}2\omega} - \frac{1}{64}\mathrm{e}^{-\mathrm{i}3\omega}\right)$$

由于 $\hat{g}(\omega) = \sum\limits_{n=-2}^{3} g_n \mathrm{e}^{-\mathrm{i}n\omega}$,且 $|\hat{g}(\omega)|^2 = \hat{g}(\omega) * \hat{g}^*(\omega)$,代入上式可求出 $\hat{g}(\omega)$。具体的,有 $h_n = h_{1-n}$,$g_n = -g_{1-n}$。其中,当 $n > 3$ 时,$h_n = g_n = 0$;而

$$h_1/\sqrt{2} = 0.375\,0, h_2/\sqrt{2} = 0.125\,0, h_3/\sqrt{2} = 0.000\,0$$

$$g_1/\sqrt{2} = 0.579\,8, g_2/\sqrt{2} = 0.086\,9, g_3/\sqrt{2} = 0.006\,1$$

其中系数 $g_n/\sqrt{2}$ 为近似解。

表 3-1 所示为正交二次样条二进小波的滤波器的整体数值,当 $n < -2$ 和 $n > 3$ 时 $h_n = g_n = 0$。

表 3-1　滤波器系数

n	-2	-1	0	1	2	3
h_n	0	0.176 777	0.530 33	0.530 33	0.176 777	0
g_n	$-0.008\ 626\ 7$	$-0.122\ 895$	$-0.819\ 961$	0.819 961	0.122 895	0.008 626 7

根据推论 3-2，$\psi(t) = \sqrt{2} \sum_n g_n \varphi(2t - n)$ 为二进小波。图 3-7(a)所示为正交二次样条二进小波的尺度函数，图 3-7(b)图所示为正交二次样条二进小波函数。

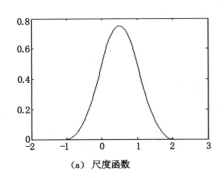
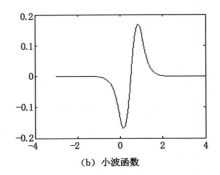

（a）尺度函数　　　　　　　　　　　（b）小波函数

图 3-7　正交二次样条二进小波函数

3.3.2　二进小波变换多孔算法的研究

为了在故障电弧电流信号的检测中能够实现实时判断与处理，就必须减少小波变换的计算量，以提高小波变换的速度，因此引入小波变换的快速算法。以上在二进小波的构建中，并没有对故障电弧的电流信号完全进行离散化，而是对尺度参数做了离散化，因此对于故障电弧的电流信号而言，其信号在时域上依然为连续的。正是因为有这样的优点，在信号奇异性分析、图像边缘提取以及信号去噪时，常常选用二进小波作为小波变换的小波函数。

令尺度参数 $a = 2^j$，$j \in \mathbf{Z}$，而参数 b 仍然为连续值，则有二进小波：

$$\psi_{2^j, b}(t) = 2^{-\frac{1}{2}} \psi\left[2^{-j}(t - b)\right] \tag{3-44}$$

对应的二进小波变换为：

$$BWT_f(2^j, b) = 2^{\frac{-j}{2}} \int_{-\infty}^{+\infty} f(t) \psi^* \left[(2^{-j}(t - k)\right] \mathrm{d}t \tag{3-45}$$

理论上的公式如此，但若要实现起来时，这个二进小波变换的计算量特别大，尤其是对于那些长度略大的数据，对这些数据的计算处理相当得繁杂并且耗费时间，会直接影响到整个监测系统软件执行的速度，从而影响到监测系统的实时性。所以，为了减少实现二进小波变换所需的计算量，满足监测系统对实时性的要求，提出了一种二进小波变换的快速算法，从而提高系统实时判断的能力。

经典的 Mallat 算法采用多采样率滤波器组，将信号分解为离散平滑分量和离散细节分量，该多采样率滤波器组采用多分辨率分析方法，通过滤波器组的形式来表达这些离散分量之间的关系。

为了使数据长度匹配，在每次完成小波滤波后，Mallat 算法都需要进行下抽样，这一过程会丢失一些数据信息。而被检测信号中的奇异性突变点一般都会集中于某一点或者某几点上，为了在下抽样时不会丢掉有用的信息，本次研究采用多孔算法来完成二进小波的快速变换。二进小波变换的快速算法如下：

假定：

$$A_{2^j}(t) = 2^{j/2}(f * \overline{\varphi}_{2^j})(n)$$

$$D_{2^j}(t) = 2^{j/2}(f * \overline{\psi}_{2^j})(n)$$

求其傅立叶变换，可得：

$$\hat{A}_{2^j}(\omega) = 2^{j/2}(\hat{f}(\omega)\hat{\varphi}^*(2^j\omega))$$

$$= \sqrt{2^{j-1}}\hat{f}(\omega)\hat{\varphi}^*(2^{j-1}\omega)\hat{h}^*(2^{j-1}\omega)$$

$$= \hat{A}_{2^{j-1}}(\omega)\hat{h}^*(2^{j-1}\omega)$$

$$\hat{D}_{2^j}(\omega) = 2^{j/2}(\hat{f}(\omega)\hat{\psi}^*(2^j\omega))$$

$$= \sqrt{2^{j-1}}\hat{f}(\omega)\hat{\varphi}^*(2^{j-1}\omega)\hat{g}^*(2^{j-1}\omega)$$

$$= \hat{A}_{2^{j-1}}(\omega)\hat{g}^*(2^{j-1}\omega)$$

对应的时域表达式为：

$$A_{2^j}(t) = \sum_{l \in \mathbf{z}} \overline{h}_l A_{2^{j-1}}(t - 2^{j-1}l)$$

$$D_{2^j}(t) = \sum_{l \in \mathbf{z}} \overline{g}_l A_{2^{j-1}}(t - 2^{j-1}l)$$

令 $t = n$，可得：

$$\begin{cases} a_n^{j+1} = A_{2^{j+1}}(n) = \sum_{l \in \mathbf{z}} \overline{h}_l a_{n-2^jl}^j = a^j * \overline{h}^j \\ d_n^{j+1} = D_{2^{j+1}}(n) = \sum_{l \in \mathbf{z}} \overline{g}_l a_{n-2^jl}^j = a^j * \overline{g} \end{cases} \tag{3-46}$$

其中，h^j 表示在 $\{h_n\}$ 的每相邻两项之间插入 $2^j - 1$ 个零值滤波器，$\overline{h}_n^j = h_{-n}^j$。

又因为

$$\hat{A}_{2^{j-1}}(\omega) = \sqrt{2^{j-1}}\hat{f}(\omega)\hat{\varphi}^*(2^{j-1}\omega)$$

$$= \sqrt{2^{j-1}}\hat{f}(\omega)\hat{\varphi}^*(2^{j-1}\omega) \frac{1}{2}[\hat{\overline{h}}(2^{j-1}\omega)\hat{h}^*(2^{j-1}\omega) + \hat{\overline{g}}(2^{j-1}\omega)\hat{g}^*(2^{j-1}\omega)]$$

$$= \frac{1}{2}[\hat{A}_{2^j}(\omega)\hat{\overline{h}}(2^{j-1}\omega) + \hat{D}_{2^j}(\omega)\hat{\overline{g}}(2^{j-1}\omega)]$$

所以

$$A_{2^j}(t) = \frac{1}{2}\left(\sum_{l\in z}\bar{h}_l A_{2^{j+1}}(t-2^j l), D_{2^j}(t) + \sum_{l\in z}\bar{g}_l D_{2^{j+1}}(t-2^j l)\right) \quad (3\text{-}47)$$

二进小波变换的快速算法的计算方法可以从式(3-46)和式(3-47)中得到,该算法也可称为多孔算法。

命题 3-1 对任意 $j \geqslant 0$,

$$a^{j+1} = a^j * \bar{h}^j, \quad d^{j+1} = a^j * \bar{g}^j$$

且

$$a^j = \frac{1}{2}(a^{j+1} * \bar{h}^j + d^{j+1} * \bar{g}^j)$$

该滤波器组算法如图 3-8,图 3-9 所示。图 3-8 为二进小波的分解算法,图 3-9 为二进小波的重构算法。

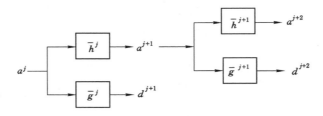

图 3-8　二进小波的分解算法

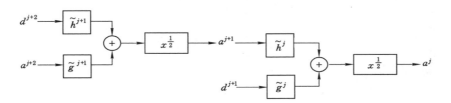

图 3-9　二进小波重构算法

若原始输入信号 a^0 的长度为 N,即其数值是非零的个数为 N 个,则 a^j、d^j 的数值是非零的个数都是 N 个,则二进小波分解算法中尺度的选择至多为 $\log N$ 个。则以上所分析的二进小波的分解算法和重构算法的计算复杂度均为 $O(N\log N)$。

3.4　故障电弧的小波奇异性检测

如以上分析,本次研究中选用正交二次样条小波作为小波函数来对故障电弧的电流信号进行奇异性研究,通过分析小波变换系数是否具有周期性的奇异性点来判断是否发生了故障电弧,为了提高计算效率,小波变换采用多孔算法。

以 TipPiescope-HS801 数字示波器采集得到的 signal 信号为例进行分析,示波器的采样频率设定为 10 kHz 以满足采样精度的要求,选用 1 kW 的电炉充当负载,进行模拟实验后通过对信号波形的采集、记录与保存,得到的信号波形如图 3-10 所示。

图 3-10 中,T_1 为示波器捕捉到的并记录保存的电弧产生阶段的电流波形,T_2 为示波器捕捉到的并记录保存的电弧恢复阶段的波形,为了方便观察对比波形,将两波形进行了叠加,波形 1 为正常电流波形,称为 signal 信号,波形 2 为故障电弧电流波形。从图 3-10 中可以明显看出,Signal 信号分别在第 163、224、326、423、525 等采样点处表现为独立的畸变点,并且这些畸变点的特征与阶跃信号十分类似。

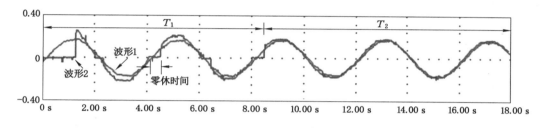

图 3-10　电弧电流波形与正常电流波形

若将信号的频带归一化为区间 $[0,\pi]$ 上,则采用 Mallat 算法进行的小波分解,就相当于将对应的信号频带进行对半划分,比如进行第一次小波分解后,将区间 $[0,\pi]$ 对半划分为 $[0,\pi/2]$ 和 $[\pi/2,\pi]$,其中 $[0,\pi/2]$ 即为低频部分,$[\pi/2,\pi]$ 为高频部分。多孔算法也具备以上性质。本研究中由于采样频率选取为 10 kHz,则多孔算法下的频带分割情况如表 3-2 所示。

表 3-2　多孔算法对信号频带的分割

分解次数	高频范围	低频范围
第一次分解	[5 kHz,10 kHz]	[0,5 kHz]
第二次分解	[2.5 kHz,5 kHz]	[0,2.5 kHz]
第三次分解	[1.25 kHz,2.5 kHz]	[0,1.25 kHz]
第四次分解	[625 Hz,1.25 kHz]	[0,625 Hz]
第五次分解	[312.5 Hz,625 Hz]	[0,321.5 Hz]
……	……	……

若使用公式(3-45)对信号直接进行小波变换,相当于选取不同的尺度对信号进行逼近。当尺度较小时,可认为小波变换的结果是提取了高频部分的信息。本次研究选

定采样频率为 10 kHz,则采样后的数据间隔为 0.1 ms,若选择尺度 x 对信号进行逼近,则尺度的周期为 x。小波变换得到的信号的频带通过公式(3-48)即可获得:

$$f = \frac{1}{xT_s} \tag{3-48}$$

其中,x 为尺度,T_s 为采样间隔,此时所分析的频带为 f。若对被检测信号做二进小波变换,尺度选择为 2^j 时,则进行二进小波变换后的频带刚好对应于多孔算法的分解次数,即 j 的值刚好对应于多孔算法的分解次数。

对 signal 信号进行小波的奇异性分析,一种方法是采用公式(3-21)直接对被检测信号进行二进小波分解,选取尺度分别为[1、2、4、8、16、32、64];另一种方法是采用多孔算法对被检测信号进行小波分解。

3.4.1　小波逼近法对电流信号的分析

根据公式(3-45),选取正交二次样条小波对电流信号,即本书当中的 signal 信号进行二进小波变换,小波变换的尺度分别为[1、2、4、8、16、32、64]。

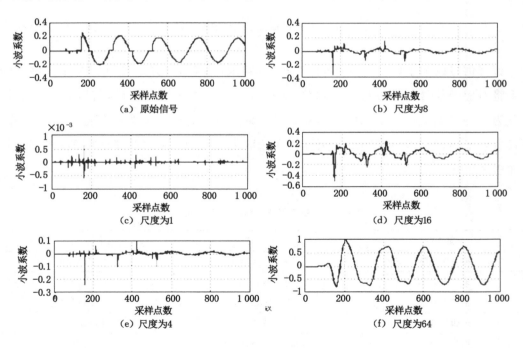

图 3-11　小波逼近方法的小波系数

小波变换的系数如图 3-11 所示,小波变换尺度为 1、4、8、16、64 时的小波函数经过小波逼近后的结果如图 3-11 的(b)、(c)、(d)、(e)、(f)所示。尺度越小,信号中的频率越高,所以可将图 3-11 中的(a)图看作是原始信号中的噪声部分。图 3-11 中的(c)、(d)、(e)图中,模极大值点表现得十分清楚,而这些模极大值点与原始的被检信号的突变点相对应,其特性如下:

① 原始信号发生向上突变时,对应的小波变换系数表现为负的模极大值,反之同样如此。

② 所有模极大值点整体表现出周期性,实验表明周期范围为 100 ± 15 个采样点。

③ 原始信号的突变点经小波变换后,其幅值随着尺度的增大而增大。所以其奇异性程度低于阶跃信号,则 lipschitz 指数值应该在 0 到 1 之间。

3.4.2　多孔算法对电流信号的分析

在采用多孔算法对故障电弧的电流信号作小波变换之前,先将被检测信号,本研究中即为 signal 信号作周期延拓,也就是在信号的前后分别延拓一个周期,用以消除因为信号被截断而造成的截断误差,然后采用图 3-8 所示的多孔算法对信号进行 6 次分解,其结果如图 3-12 所示。

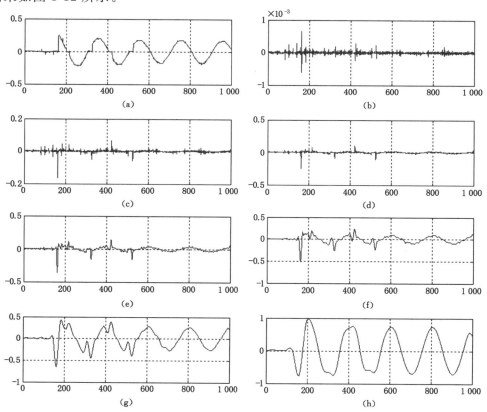

图 3-12　小波变换多孔算法的小波系数

图 3-12 中的(a)图为原始信号,(b)图～(h)图分别为采用多孔算法对原始信号进行的第 1～7 次的小波分解后的高频系数值。对比图 3-11 和图 3-12 可知,多孔算法下的小波变换结果与逼近方法下的小波变换结果基本上是一致的,而小波变换采用多孔算法却能明显降低计算量,从而提高硬件的运行速度,因此采用多孔算法实现小波变换对信号的实时在线检测具有很好的效果。

3.4.3 电流信号小波变换系数模极大值点的求解方法

通过 3.1 节对被检测信号的小波奇异性分析原理的分析可知,将被检测信号进行小波变换后,小波变换系数的极大值点的位置可以用来确定信号的奇异点位置。所以,对信号进行奇异性分析,需要求解信号的小波变换系数的模极大值点。

数学中求解某函数的模极大值点的方法为:

① 求解函数的一阶导数 $f'(x)$,并解 $f'(x)=0$ 方程的 x 值,这些值就是函数的极值点,设为 x_0。

② 求解函数的二阶导数 $f''(x)$,并将①中的解 x_0 代入 $f''(x)$,若 $f''(x_0)>0$ 则该点为极小值点,若 $f''(x_0)<0$,则该点为极大值点。

数学方法比较复杂,而且若按照①和②的步骤进行计算的话,计算量非常大。在工程实际中,可将函数 $f(x)$ 看作是一个经过采样的离散数列 $x[i]$,对 $x[i]$ 取绝对值即可得到数列 $a[i]$,如果式(3-49):

$$a[i-1]<a[i]\,\&\,a[i]>a[i+1] \tag{3-49}$$

成立,则可确定 $a[i]$ 为函数的模极大值点。

但信号中的某些正常点(如过零点、峰值点等)的小波变换,有时也会被判断为模极大值点,为了避免这些点所造成的误判断,在进行处理时增设一个较小的阈值 ε,只对模极大值大于 ε 的点进行分析。

考虑模极大值阈值 ε,求小波变换系数的模极大值点的步骤如图 3-13 所示。

采用由大到小递减的方法来确定阈值,其过程可分为以下步骤:

① 求出小波变换系数中的所有模极大值点的最大值,并存储为 max;

② 将 max 的四分之三作为阈值求出模极大值点的序列,并存储于数组 $\{a_n\}$ 中;

③ 将数组 $\{a_n\}$ 中最小值的四分之三作为阈值求出模极大值点的序列,并存储于数组 $\{b_n\}$ 中;

④ 以 $\{b_n\}$ 中最小值的四分之三作为阈值,重复步骤③。

③、④步骤形成循环,理论上循环可以一直进行下去,通过实验的分析,阈值一般只

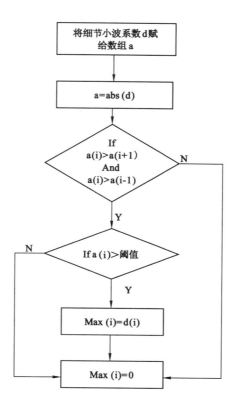

图 3-13　小波系数模极大值求解程序流程图

需要迭代 3 次。

根据图 3-11、图 3-12 所示,当尺度为 8 或者是第三次小波分解时,小波变换的系数即能准确反映出信号的突变点。由于选择的采样频率为 10 kHz,则采样间隔为 0.1 ms,因此当尺度为 8 或者是第三次小波分解时,表示以周期为 0.8 ms(1.25 kHz)的小波函数对信号的逼近,此时不但反映出了信号的突变点,而且消除了 1.25 kHz 以上的高频噪声。采用上述方法对原始信号(signal 信号)进行分析后的模极大值结果如图 3-14 所示。

如图 3-14 所示,(a)图表示的为原始信号波形;(b)图表示的为第三次小波分解后的小波系数信息;(c)图表示的为在有阈值的情况下求得的模极大值点的情况。从图中可知,图 3-14 中的(c)图能很好地表达出原始信号的突变点,并且每一个突变点的位置正好对应原始信号突变点的位置。由此也验证了本书所提出的模极大值点的求解方法的正确性。

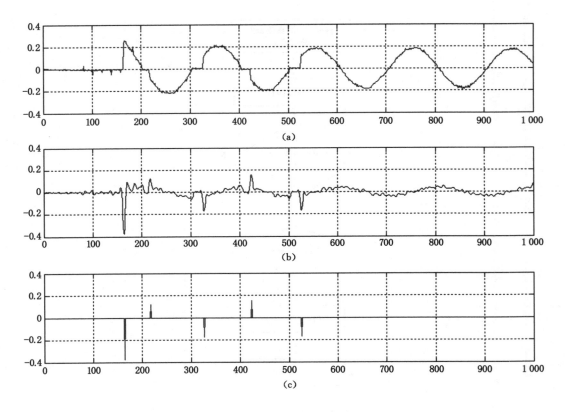

图 3-14　小波系数的模极大值点

3.4.4　模极大值点的 Lipschitz 指数信息

在数学上,Lipschitz 指数是判断函数具有奇异性与否的重要指标,而在信号的小波变换奇异性分析中,Lipschitz 指数 α 等于是以 $\log a$ 为横坐标,$\lg|Wf_a(t)|$ 为纵坐标的模极大值曲线上的两点间直线的斜率。signal 信号的各模极大值点的 $\log a$—$\lg|Wf_a(t)|$ 如图 3-15 所示。其中 (a) 图~(e) 图分别是第 163 点、第 224 点、第 326 点、第 423 点、第 525 点等模极大值点(也是突变点)的 $\log a$—$\lg|Wf_a(t)|$ 图,而 (f) 图则为第 142 点(是非突变点)的 $\log a$—$\lg|Wf_a(t)|$ 图。运用最小二乘线性拟合曲线法即可得到各个曲线的斜率,即各个点的 Lipschitz 指数值。在工程应用中采用式(3-14)即可求得二进小波变换下的 Lipschitz 指数值。计算结果如表 3-3 所示。

如表 3-3 所示,突变点与非突变点的 Lipschitz 指数有明显的差别,这又一次验证了故障电弧电流信号中的突变点位置可通过小波变换的模极大值点来确定。

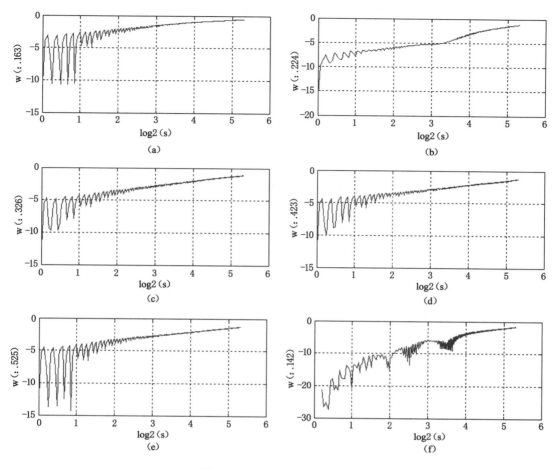

图 3-15　Lipschitz 指数曲线图

表 3-3　各点 Lipschitz 指数值

判断点	142 点	163 点	224 点	326 点	423 点	525 点
lipschitzα	8.231	0.547 1	0.582 2	0.610 2	0.551 6	0.553 5

3.4.5　故障电弧检测的周期性模极大点判断算法

本书的信号采样频率为 10 kHz,工频周期为 0.02 s,那么在一个工频周期上的采样点有 200 个。电弧的重燃和熄灭的周期均约为 0.01 s,则由前面对故障电弧信号特征的分析,可得大概每 100 个采样点左右就会产生一个奇异点。由于零休时间存在于电弧重燃和熄灭的时间段里,所以信号的突变点的周期会前后移动大约 1.5 ms,即大概 15 个采样点,因此相邻两个模极大值点的间距范围是 100±15 个点。若检测到了 n 个这样的周期时,表示电弧燃烧了$0.02\times n/2s$。本书设定n的阈值为10,即认为当$n>10$时,即5个工频周期时,电弧燃烧的时间超过了100 ms,这时电弧燃烧释放出的能量有可能引起电气火灾,所以要求在进行检测时,应该在n未达到10时就能够作出正确的判断。

在对故障电弧电流信号的特点分析以及小波变换奇异性检测方法的研究的基础上,提出了对故障电弧电流信号进行小波变换后,判断其模极大值点是否具有周期性的故障电弧检测算法。该算法的实现方法为:

① 对被检测对象即电流信号进行二进小波变换,本文选用正交二次样条小波作为二进小波变换的小波函数。

② 选择尺度为8的小波变换系数或是第三次小波分解细节信息系数作为研究对象;

③ 采用3.3.3节示出的小波变换系数模极大值的求解方法求解研究对象的模极大值;

④ 判断研究对象的模极大值是否具有周期为100 ± 15采样点的周期性。若被测参量具备这样的周期性,就认为故障电弧已经发生,若连续时间超过5个周期则认为故障电弧的连续燃烧时间达到了比较危险的界限,再往下延续有引发电气火灾的可能或者已经引起了电气火灾的发生,此时系统进行预警。

至于对故障电弧电流信号进行二进小波变换后,其模极大值点是否具有周期性,则需要逐个计算各个相邻的模极大值点的距离是否满足100 ± 15个采样点,若满足,则可判断具有周期性,可进行算法下一步;若不满足,则返回。具体的计算方法如图3-16所示,图中A、B、C、D以及E点为故障电弧电流信号小波变换模极大值点,若按上述判断是否具有周期性的方法,则需逐一进行两点间间距的计算,运算次数为$C_5^2=(5\times4)/2$。若模极大值点的数量为k个,则计算次数为C_k^2,计算量太大。

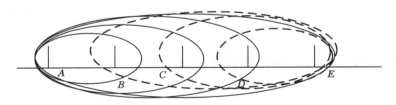

图3-16　n值的计算方法

如图3-16所示,为了降低计算量,以A点为起点,逐一计算$B-A$、$C-A$、$D-A$以及$E-A$之间的距离,若相邻的两点中,后位置的某点与前位置的点的距离差刚好为

100 ± 15,则可以认定燃烧为半个周期,$n=n+1$;若后一个距离与前一个距离的差为 200 ± 15,则燃烧为一个周期,$n=n+2$,以此类推。这种计算方法对于降低计算的量具有比较好的效果。

3.5　本章小结

本章分析了小波变换的奇异性检测原理,在此基础上研究了故障电弧的检测算法。根据进行小波奇异性分析对小波函数的要求,对故障电弧电流信号做小波变换的小波函数进行了选择与构造,完成了正交二次样条小波函数的建立。为了降低小波变换实现起来的计算量,提出了快速小波变换算法,运用多孔算法完成了二进小波的快速变换。根据故障电弧的零休点特性在小波变换上表现为周期性奇异点,提出了周期性奇异点的故障电弧检测算法,并分析了该算法的可行性和有效性。

第4章 基于故障电弧的多信息融合在电气火灾报警系统中的应用研究

为了实现电气火灾的报警功能,本章提出了在故障电弧检测的基础上,通过采集燃火初期的特征参量,进行多信息融合,实现对电气火灾的报警功能。

4.1 多传感器信息融合技术

信息融合(Information Fusion)技术,也可称为多传感器信息融合(Multi-sensor Information Fusion)技术或数据融合(Data Fusion)技术,是对人脑综合处理复杂问题方式的功能模拟。其利用计算机技术按照一定准则对多时空传感器采集到的信息进行自动分析和优化组合,从而得到对被检测目标的一致性完整解释与描述,完成所需逻辑处理与决策。

4.1.1 多信息融合的层次

多源信息的多层次处理一般分为信息层融合(Information-level Fusion)、特征层融合(Feature-level Fusion)和决策层融合(Decision-level Fusion)[99]。每一层信息融合都对原始数据进行了一定程度的抽象。低层的信息融合对信息的抽象程度低;高层的信息融合对信息的抽象程度高,因此对原始信息的细节要求就低。图 4-1 为信息融合的层次图。

(1)信息层融合

信息层融合又被称为像素级融合,其直接对传感器采集的未经预处理的原始数据进行分析与综合,是最低层次的融合,因此其能保持较多的现场数据及细微信息。但该层的传感器数据量太大,处理成本过高,实时性较差;因数据通信量较大使其抗干扰能

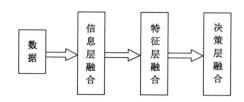

图 4-1　信息融合层次

力较差;其融合的是传感器未经预处理的原始数据,因此需有较高的纠错能力;只能融合同质传感器的相同或匹配数据。

(2) 特征层融合

特征层融合的是传感器原始信息经过预处理及特征提取后的特征信息,因此是中间层次的融合。由于在融合前对传感器直接采集的数据根据特征信息完成了分类综合,所以该层实现了一定数量的信息压缩,对实时处理十分有利,并且该层的融合结果可以尽量地为决策分析提供需要的特征信息。

(3) 决策层融合

决策层融合只是对已分类好的特征信息运用判断规则对最终目标做出最优决策。该层的灵活性高,可融合同质及异质传感器信息;数据通信少因此抗干扰能力强;具有较强的容错能力;融合中心处理代价低,但对原始数据的预处理代价高于前两层[100]。

4.1.2　多信息融合的方法

由于多传感器系统信息的多样性和复杂性特点,使得其对信息融合方法的基本要求是应具有鲁棒性和并行处理能力。符合条件的非线性数学方法均可以用来完成信息的融合。常用的数据融合法大致可分为随机和人工智能两大类:随机类方法有加权平均法、卡尔曼滤波法、多贝叶斯估计法、模板法、表决法、遗传算法、粗糙集理论、D-S证据推理等;人工智能方法主要有支持向量机、专家系统、模糊逻辑、神经网络等。

(1) 加权融合

加权融合即将同质传感器的原始信息经过加权平均得到加权平均值,由于权值确定的主观性,难以得到最优的融合结果。

(2) 卡尔曼滤波

卡尔曼滤波一般适合于低层次的多传感器动态冗余数据的融合。该方法无须大量的数据存储与计算;但仅能处理线性问题,且观测度不高,易发散。

(3) 贝叶斯估计

贝叶斯融合法常用于融合静态环境中的多传感器底层信息,适用于测量结果具有正态分布的或具有可加高斯噪声的系统。

（4）D-S证据推理

D-S证据推理是基于贝叶斯估计发展而来的，但其推理结果经常与正常主观判断不相符合，目前对于粗糙集理论的研究主要侧重于其与智能算法的结合。

（5）聚类分析

聚类分析法是一组启发式算法，主要用于目标识别及分类。

（6）模糊逻辑

模糊逻辑推理以模糊数学体系为理论基础，通过模拟人脑的逻辑推理方式来进行模糊综合判断，在信息检索、故障判断、目标毁伤、医学诊断、病虫害诊断等方面都有应用。

（7）神经网络

同模糊逻辑推理一样，神经网络也是模拟人脑思维的一种方法，具有分布式存储及并行处理数据的特点，因此处理数据的速度快，通过网络的不断学习，使其具有鲁棒性强、容错性好，泛化能力强的特点。

（8）支持向量机

支持向量机（Support Vector Machine，SVM）基于统计学习理论，侧重于小样本下的统计学习规律的研究。其基于结构风险最小化原理，提高了系统的泛化能力。

4.2 电气火灾探测技术

电气火灾是火灾的一种但又不同于一般火灾，比如其起火原因等。但当燃火发生后，火焰早期的信号特征与一般火灾又有相似之处，因此，对于电气火灾早期的特性分析，可以参考火灾早期的过程分析。

4.2.1 电气火灾理论基础

4.2.1.1 火灾产生的机理

火灾是在时间和空间上失去人力控制并形成一定灾害的燃烧过程。火灾发生的基本条件是可燃物、助燃物、点火源以及三者之间的相互作用。助燃剂通常是指空气中的氧气（或氧化剂），为了维持燃烧，可燃物要有一定的数量，其以固态、气态和液态三种形态存在。根据可燃气体在燃烧过程中与空气不同的混合方式，可以分为预混燃烧和扩散燃烧。预混燃烧是指可燃气体与空气均匀混合后进行的燃烧；扩散燃烧是指可燃气体在燃烧区一边与空气混合一边燃烧。而液态和固态是凝聚态物质,在受到外界加热时,液体蒸发成可燃蒸汽,固体发生热分解(熔化、蒸发)析出可燃气体,从而发生气相扩散燃烧。

凝聚态物质在发生燃烧时产生的可燃气体(CO,H_2 等)、颗粒直径较大的分子团、灰烬以及未完全燃烧的物质颗粒悬浮在空气中,这些物质的直径通常在 $0.01\ \mu m$ 左右,被总称为气溶胶,同时也会产生粒子直径为 $0.01 \sim 10\ \mu m$ 的液体或固体微粒,即为烟雾。火灾是可燃物和助燃剂在满足一定的条件下产生的强烈的化学反应,并在燃烧过程中伴有发热和发光的物理化学现象。此外还会产生燃烧波。火灾过程中产生的特殊现象与物质如气溶胶、烟雾、光、热以及燃烧波等都被称为火灾参量,火灾探测就是通过对这些火灾参量的测量和分析,来确定火灾的过程[101]。

根据火灾燃烧过程的不同,可分为慢速阴燃、明火以及快速发展火焰等。阴燃是指在稀疏物质或颗粒环境中进行的缓慢热分解和氧化反应,能较长时间地自我保持或扩散,并在条件允许的情况下转化为明火或自行熄灭,是引发火灾的重要因素;明火是指燃烧时迸发出火焰并释放出可燃气体,从而进一步使燃烧扩散;快速发展火焰是指燃烧火焰的扩散速度极快,这种情况通常发生在燃烧火焰周围分布有大量的可燃气体。[102]

4.2.1.2　火灾探测信号的特征

由于火灾早期特征状态的不稳定以及火灾事件的偶然性,传感器输出信号 $x(t)$ 是事先未知或不能确定的信号,且由于外界环境如气候、灰尘、湿度、电子噪声等对 $x(t)$ 的影响,使得火灾信号具有以下特征:

① 人们对火灾表象十分清楚并能做出准确判断与应对,但若要用数学语言进行精确达却十分困难;

② 以往的火灾范例可以提供参考或研究;

③ 通过联想可以进行正确辨识。

因此,火灾检测相比于其他典型信号检测来说是一种十分困难的信号检测问题。

火灾的检测信号特征有以下特点:

① 可检测到的火灾信号均为随机信号,其统计特性随时间或环境的改变而改变;

② 火灾现象与正常现象相比出现的概率很小,探测器基本上都是工作在正常情况下;

③ 检测环境中的噪声特征与检测信号特征有时十分相似,因此很容易影响到辨识结果。

虽然检测火灾特征信号 $x(t)$ 比较困难，但 $x(t)$ 还是有一定的规律可循，或者说其还是表现出了火灾发生的一些特点，如 $x(t)$ 的时间和频谱特性，$x(t)$ 一般被认为是一种非平稳随机过程，用函数表达即为：

$$x(t) = \begin{cases} x_f(t) + x_n(t) \\ x_n(t) \end{cases} \tag{4-1}$$

式中　$x_f(t)$——火灾特征参量信号；

　　　　$x_n(t)$——其他所有非火灾因素引起的非火灾信号（统称为噪声信号）。

$x_f(t)$ 与 $x_n(t)$ 互不影响，火灾发生时 $x_f(t)$ 与 $x_n(t)$ 未必独立存在，而在正常情况下，$x_n(t)$ 却有可能产生类似 $x_f(t)$ 的变化。

4.2.2　电气火灾探测中的信息融合

4.2.2.1　火灾探测中的信息分类[103]

火灾在发生的过程中产生的多种特征参量，都可以作为火灾信息在火灾探测中加以利用，具体的有：

（1）固态高温产物

这里所指的固态高温产物即为火灾发生时释放的烟雾，其中多含炙热微小颗粒或颗粒群。烟雾是绝大部分火灾发生时显现的明确物理现象，所以烟雾是火灾发生的重要信息。

（2）气态燃烧产物

火灾发生过程中所产生的气态燃烧产物的主要成分有 CO，CO_2，H_2O，H_2 和 O_2，考虑到环境湿度的作用，一般不选取 H_2O 作为火灾探测的参数。而在火灾发生前后，CO 和 CO_2 在空气中的含量会发生很大的急速变化，因此，通过检测这两种气体的浓度也是判断火灾是否发生的重要方法。

（3）火焰光谱

在火焰燃烧时会发出一定谱段的光线，且该谱段是火焰燃烧特有的，因此可以用来作为辨识火灾的特征参量之一。

（4）燃烧音

燃烧产生的高温促使周围空气受热膨胀而形成压力声波，称为燃烧音，其频率仅为数赫兹，传播速度为声速。该超低频的燃烧音是物质燃烧的特征现象，并且一般常见的杂音也不常在该频带范围内，因此能够极大地减少环境噪声给探测器带来的干扰。

（5）其他信息

包括火焰辐射、火焰形状、火焰闪烁等。

4.2.2.2　火灾探测中的信息融合

由于火灾过程的随机不确定性，单一探测原理以及单一探测器不可能具有普适性。比如早期的单传感器探测方法就不能将火灾早期的特征信号与厨房炊烟、香烟、水蒸气等非火灾信号区分开来，由此带来大量的误报。事实上，采用单一方面的信息来描述任何一种探测对象都不完全，只有从多方面获得同一对象的多维信息并加以融合利用，才能较准确地完成对被测对象的正确识别。

4.3　基于故障电弧的多信息融合的电气火灾报警系统结构

将多传感器的信息融合技术用于火灾报警系统，不但可以提高火灾报警的早期性，还能降低报警系统的误报率并提高报警系统的可靠性。本系统设计三级融合方法，融合模型如图 4-2 所示。

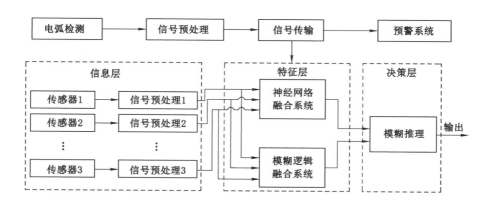

图 4-2　融合模型结构

结合电气火灾信号的特征以及对预报警系统的要求，系统的融合结构如图 4-2 所示。由于电弧的发生超前于火灾信号的产生，因此通过对电弧信号的检测实现系统的预警功能；并且当有电弧发生时，启动融合系统的特征层对传感器采集的火灾特征信号进行融合处理，实现最终的火灾辨识，完成系统的报警功能。

4.4 基于多信息融合的电气火灾报警系统在信息层的实现

4.4.1 电气火灾检测参量的选取

系统能否实现对火灾的准确辨识,火情参量的种类和个数的选取是第一要素,因为若参量数目选择得过少,则无法区分不同性质的火源以及非火源;若参量数目选择得过多,虽然能提高探测器的灵敏度,减少误报率,但同时也增加了算法的复杂程度。

大多数火灾中的火灾探测器与火灾发展过程的对应关系如图 4-3 所示[104]。

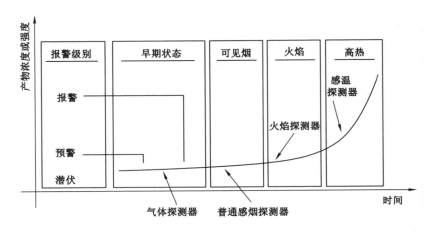

图 4-3 多数场合下的火灾探测器与火灾发展过程对应关系

火灾气体产物为火灾探测的主要特征之一,在火灾的早期探测中又具有抗干扰方面的优势,所以烟雾一直是火灾探测中首先考虑的特征信号。

火灾在发生时会产生大量的 CO 和 CO_2 气体,但通过 CO_2 的上升速率来区分非火灾源与阴燃火不可行,因为在一个密闭的空间里,任何生物的呼吸都会增加 CO_2 的浓度,因此采用 CO_2 上升速率进行火灾辨识具有很大的局限性,并且火灾早期的 CO_2 上升速率其特征并不明显,会受到很多的干扰从而产生大量误报警。如图 4-4 所示,除棉花燃烧所引起的 CO_2 上升速率明显高于其他对比项外,非火灾源香烟、水雾可引起的 CO_2 上升速率与火灾源纸张、木材燃烧所引起的 CO_2 上升速率基本都在 $0.05\sim0.1\times 10^{-6}/s$ 之间,区别并不明显。火灾早期的 CO 上升速率其特征就十分明显,如图 4-5 所示,非火灾源香烟、水雾引起的 CO 上升速率均在 $0.05\times 10^{-6}/s$ 以下,而火灾源棉花、纸张和木材燃烧所引起的 CO 上升速率基本都在 $0.1\times 10^{-6}/s$ 以上,非火灾源与火灾源的

CO 上升速率区别十分明显,而且生物的呼吸也不会影响到 CO 的浓度,因此,CO 的上升速率可以作为火灾特征的参数之一来进行火灾辨识。

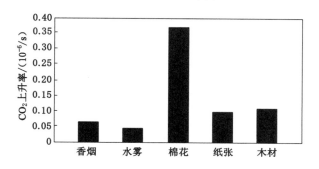

图 4-4　非火灾源与阴燃火源的 CO_2 上升速率

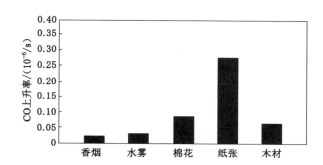

图 4-5　非火灾源与阴燃火源的 CO 上升速率

火灾的发生一般也都伴随有温度的升高,综上所述,本系统选取的火灾特征参量为:烟雾、温度以及 CO 气体浓度。

本系统在设计及仿真时参考《点型感烟火灾探测器》(GB4715—2005)中的中国标准试验火 SH1-木材热解阴燃火、标准试验火 SH4-正庚烷火(明火)和厨房环境下典型干扰信号的烟雾、温度以及 CO 气体信号的变化曲线,如图 4-6、图 4-7、图 4-8 所示[105,106]。

4.4.2　信息层信息的处理方法

在不同的火灾情况下,多传感器系统采集的多个火情信息间具有很大的相关不确定性,充分考虑到明火条件、阴燃火条件以及一些典型的干扰信号,在明火条件下随着烟雾和温度信号的急剧增大 CO 浓度缓慢增加;在阴燃火条件下随着烟雾和 CO 浓度的增大温度却基本稳定;而对于一些典型的干扰信号,如厨房内则是烟雾和温度信号增大的同时 CO 信号却基本稳定。另外,由于采样频率比较高,若将这些特征信号直接送入特征层处理,计算量非常大,也会降低信号处理的速度,因此,系统首先在信息层将各种

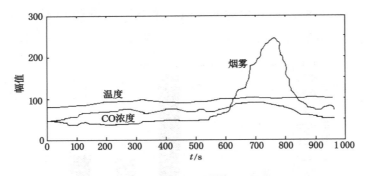

图 4-6　标准阴燃火 SH1

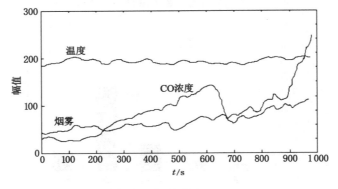

图 4-7　标准明火 SH4

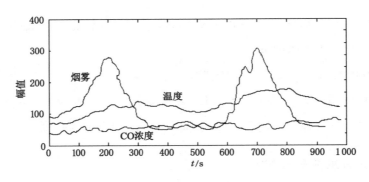

图 4-8　典型干扰信号

　　探测器提取的单一信号送入局部决策器进行局部处理,当至少有一个探测器达到预设报警线时,再送入特征层进行特征提取。这样既可以最大限度地提取火情信号并实现火灾早期的辨识,也可以降低对不具备显著火灾特征信息的计算处理工作量,从而减少误报率。

　　火灾发生后,其周围温度升高的速率很大,烟雾和 CO 浓度的增加速率也十分迅速,因此在信号的局部处理上,本书采用变化率检测法。即对信号的变化速率进行检测,观察其是否连续超过一定的量值从而判断火情,即:

设被检测信号(即电弧电流信号)经离散化采样后,信号的原始序列为 $X(n)$,令:

$$Y_n = \sum_{n=1}^{N} (X_n - X_{n-1})$$ (4-2)

如果,$Y_n > Y_{固定阈值}$,则 $a_i = 0$,本系统中 $i = 1,2,3$ 分别代表温度、烟雾和 CO 浓度传感器得到的数据。按照以上方法依次对温度、烟雾和 CO 浓度传感器得到的数据进行处理后:

$$A = a_1 \bigcup a_2 \bigcup a_3$$ (4-3)

当 $A = 1$ 时,则表示多传感器采集的多维数据(本系统中为温度、烟雾及 CO 信号数据)中有一个或多个数据发生了非平稳的变化,此时将该组信息送入特征层进行特征提取,并进行最终的火灾判断。

4.5　基于多信息融合的电气火灾报警系统在特征层的实现

本系统采用神经网络特征器和模糊逻辑特征器并联的方式来实现特征层,如图 4-2 所示。

模糊逻辑与神经网络的共同特点是在对对象进行分析时无需其精确的数学模型。神经网络可采用变换自身的结构来逐渐适应外部环境因素的作用;模糊逻辑则主要依据由模糊语言表达的经验规则,这些经验规则是基于定性的、大致精确地观察与总结,无需精确的数学模型[107]。

把神经网络和模糊逻辑结合起来,既能弥补神经网络在知识推理上的困难,也能弥补模糊逻辑在知识获取上的不足,使知识的获取和加工变得容易实现。

实际的火灾情况变幻复杂,即使有再多的火灾案例可供学习,都无法涵盖所有的情况,特别是那些特殊的火灾环境。因此一些专家学者认为,在火灾的监控中引入神经网络算法,使得系统参数能够在现场自动修改,这种做法有很多弊端,极有可能由于神经网络算法本身的不足而导致系统发生漏报警。在采用神经网络算法的同时,引入模糊逻辑能够很大程度上弥补神经网络不易理解的不足,神经网络可以对已有的火灾数据进行精确拟合,模糊逻辑可以利用已知的少量火灾数据进行模糊推理,使得系统作出正确判断[108]。

本系统传感器采集的三个探测参量:温度、烟雾以及 CO 浓度经局部信号预处理后分别送入 BP 神经网络融合器和模糊逻辑特征融合器,经过各融合器处理后将分别输出火灾概率 P_1 和 P_2。

4.5.1　神经网络理论及其在电气火灾报警系统中的应用研究

4.5.1.1　人工神经网络

人工神经网络是由一些简单的处理单元(神经元)组成的大规模并行网络,其适应能力、学习能力、容错能力和并行处理能力都比较强,使信号的处理过程更接近于人类的思维活动。

神经网络对信号的处理是由组成神经网络的神经元分别完成信号的处理来实现的。神经元处理信号的步骤为:

① 进行输入信号与神经元连接强度的内积运算;

② 将内积运算的结果通过激活函数以及阈值函数的判断,来确定该神经元是激活或是抑制。

根据连接神经元的不同拓扑结构、神经元特性以及网络学习规则,可组成不同的神经网络模型,最基本的有四种:霍佩菲尔德(Hopfield)神经网络、多层感知机、自组织神经网络和概率神经网络。本系统采用的是多层感知机神经网络。

多层感知机是一种由输入层、隐含层和输出层组成的前馈网络,每一层都由若干神经元组成,图 4-9 所示的为一个三个输入、三个输出、包含五个隐含单元的多层感知机的基本结构。

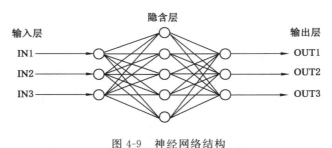

图 4-9　神经网络结构

输入层神经元的输出即为输入信号归一化到[−1,1]或[0,1]范围内的结果,如果隐含层的输出用 IM(图 $4m$ 为该层单元数)表示,则输入输出关系如式(4-4)所列:

$$IM_i = f(NET_i), NET_i = \sum_{j=1}^{n} W_{ij} IN_j, i = 1, 2, \cdots, m \qquad (4\text{-}4)$$

式中　NET_i——隐含层的输入;

W_{ij}——权因子；

IN_j——为输入层的输入；

$f(\cdot)$ 函数一般为 S 函数（Sigmoid 函数）：

$$f(NET_i) = \frac{1}{1 + \exp(-NET_i \cdot r)} \tag{4-5}$$

在式(4-5)中，S 函数的形状可以通过调节 r 值的大小来调整。r 值越降低，S 函数就越平坦；随着 r 值的不断提高，S 函数就会不断逼近阈值逻辑单元特性。

多层感知机应用的理论基础为 kolmogorov 定理，该定理证明了一个三层感知机可以任意精度逼近[0,1]范围内的任意函数。

神经网络的学习过程是指网络根据一标准输入输出样本集 IN_i 和 $T_i(i=1,2,\cdots,m)$，通过反复地调整网络权因子 W_{ij}，使得网络输出 OUT_i 与标准输出 T_i 的平方误差达到最小。权因子的学习方法一般选择反方向传播学习算法，即 BP 算法，具体为：

设一个模式其平方误差为 E_m，系统的平均误差为 E，则有：

$$E_m = \frac{1}{2} \sum_{k=1}^{N} (OUT_k - T_k)^2, E = \sum_m E_m \tag{4-6}$$

权因子 W_{ij} 的不断修正从而使 E 减小到规定值范围内，本书采用沿梯度变化的反方向来改变权值的方法，神经网络隐含层权因子的变化量为：

$$\Delta W_{ij} = -\eta \frac{\partial E}{\partial W_{ij}} = -\eta \frac{\partial E}{\partial NET_i} \cdot \frac{\partial NET_i}{\partial W_{ij}} \tag{4-7}$$

将式(4-4)代入式(4-7)：

$$\Delta W_{ij} = -\eta \frac{\partial E}{\partial NET_i} \cdot IN_i$$

$$= \eta \left(-\frac{\partial E}{\partial IM_i} \frac{\partial IM_i}{\partial NET_i} \right) IN_i$$

$$= \eta \left(-\frac{\partial E}{\partial IM_i} \right) f'(NET_i) \cdot IN_i = \eta \delta_i IN_i \tag{4-8}$$

式中，n 为步长，学习算法中的步长值的选择需综合考虑，过大过小都不合适。

如果步长比较长，会加快权值的更新速度，但同时也会使网络的收敛速度提高，这有可能会导致网络系统的震荡；如果步长比较短，虽然网络学习的速度降低但学习的过程比较平稳。综合以上所述，在并不复杂的神经网络中，可将学习步长设定为一个定值，只要满足 0<步长<1 即可；而对于略复杂的情况，可将学习步长设定为一个变量，其随学习进度的变化而改变：在学习初期，取值略大些，随着学习的展开而逐渐缩短该值，如：

$$\delta_i = -\frac{\partial E}{\partial IM_i} f'(NET_i) = -\sum_k \frac{\partial E}{\partial NET_k} \cdot \frac{\partial NET_k}{\partial IM_i} \cdot f'(NET_i) \qquad (4\text{-}9)$$

将式(4-4)代入得：

$$\delta_i = f'(NET_i) \sum_k \left(-\frac{\partial E}{\partial NET_k}\right) W_{ik} = f'(NET_i) \sum_k (OUT_k - T_k) W_{ik} \quad (4\text{-}10)$$

对于输出层也有类似的算式：

$$\Delta W_{ij} = \eta \delta_i IM_i \qquad (4\text{-}11)$$

学习过程通过式(4-8)和(4-11)调整权因子 W_{ij}，若式(4-6)的值超过了预先设定的值，则重复以上步骤，直到达到要求为止。

可见多层感知机的主要特点是：权因子不必一定要事先定义好，其值也不是不能改变，对权因子的调节可以在网络学习的过程中进行，若定义的学习越多，网络就越聪明；若网络的隐含层越多，网络输出的精度就越高，并且个别权因子的损坏也不会对网络输出产生太大的影响，这样的特点非常适合用于火灾的探测。

4.5.1.2　神经网络算法在电气火灾报警系统中的应用

本系统特征层采用的是多层感知机神经网络，权因子的调整采用反向传播学习算法(BP 算法)。

算法设计的难点在于隐层节点数的选取，这方面还没有十分可靠的方法可以参考。隐层单元数量设定得太多，就会拉长学习时间，而误差也未必能达到最低；隐层单元数量设定得太少，就有可能无法训练网络，或通过训练的网络的鲁棒性太差，抗噪声能力低，使得系统不能辨识未出现过的模式。

目前常用的选取隐层节点数的经验公式为：

$$n_H = \sqrt{n_0 + n_1} + l \qquad (4\text{-}12)$$

式中　n_H—— 隐层节点数；

n_1—— 输入节点数；

n_0—— 输出节点数；

l——1～10 之间的整数。

本网络根据仿真试验最终确定神经网络的隐层数量为14。

神经网络的层数选择两层，输入节点为温度、烟雾、CO 气体浓度这三个信号；输出层为一个节点的火情概率。

设该两层神经网络权值矩阵分别为 w_1 和 w_2，中间层阈值矩阵为 θ，输入向量为 x，期望输出为 T。神经网络的计算方法是：设有 N 个样本，输入层的个数为 M，假设用其中的某样本 P 的输入/输出模式对(X 和 T)对网络进行训练，隐含层的第 i 个神经元在

样本 P 的作用下,其输入为:

$$net_i^P = \sum_{j=1}^{M} w_{ij} o_j^P - \theta_i = \sum_{j=1}^{M} w_{ij} x_j^P - \theta_i (i=1,2,\cdots,7) \tag{4-13}$$

隐含层第 i 个神经元的输出为:

$$o_i^P = g(net_i^P) \tag{4-14}$$

若激活函数采用 Sigmiod 型函数,则隐含层第 i 个神经元的输出将 O_i^P 通过权系数前向传播到输出层第 k 个神经元并作为其输入之一,而输出层神经元的总输入为:

$$net_k^P = \sum_{i=1}^{q} w_{kj} o_i^P - \theta_k \quad (k=1) \tag{4-15}$$

式中 w_{kj}——为隐含层神经元 i 与输出层神经元 k 之间的权值;

θ_k——为输出层神经元 k 的阈值;

q——为隐含层的节点数。

输出层的第 k 个神经元的实际输出为:

$$o_k^P = g(net_k^P) \quad (k=1) \tag{4-16}$$

计算期望值与实际输出误差:

$$J_P = \frac{1}{2} \sum_{k=1}^{L} (t_k^P - o_k^P)^2 \tag{4-17}$$

如果以上值不在期望范围内,则将误差信号从输出端进行反向传播,并在传播过程中对加权系数反复调整,调整输出层加权系数:

$$w_{ki}(k+1) = w_{ki}(k) + \eta \delta_k^P o_i^P \quad 其中:\delta_k^P = O_k^P(1-O_k^P)(t_k^P - o_k^P) \tag{4-18}$$

调整隐含层的加权系数:

$$w_{ij}(k+1) = w_{ij}(k) + \eta \delta_i^P o_j^P \quad 其中 \delta_i^P = o_i^P(1-o_i^P)(\sum_{k=1}^{L} \delta_k^P \infty_{ki}) \tag{4-19}$$

返回计算输出层与隐含层各神经元的输出,直到在输出层神经元上得到所需要的期望输出值 t_k^P 为止。

4.5.1.3 MatLab 下神经网络的构建与训练

在 MatLab 环境下进行了神经网络的构建与仿真训练。为了使所设计的融合器更贴近实际情况,从中国标准阴燃火 SH1、标准明火 SH4 和厨房环境下典型干扰信号的变化曲线上(图 4-6、图 4-7、图 4-8 所示)选取 100 组数据,其中标准明火 40 组,标准阴燃火和典型干扰各 30 组,作为训练样本对神经网络进行训练,并另选 15 组数据对神经网络的有效性进行检验。样本数据参见附录一。

从标准火的变化曲线上选取的数据,在进行神经网络的训练及验证前应先归一化处理,归一化处理的公式为:

$$\overline{x_i} = \frac{x_i - x_{min}}{x_{max} - x_{min}} \qquad (4-20)$$

经过反复多次训练,最终确定当网络隐含层神经元数目为 14 时,网络模型收敛速度快,检验的精度和灵敏度高,拟合均方误差小,泛化能力强。因此,本书的 BP 网络结构选定为 3-14-1。其仿真模型如图 4-10 所示。

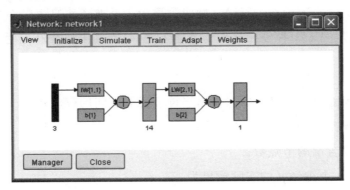

图 4-10　BP 神经网络仿真模型

神经网络各参数的选择如图 4-11 所示,其中,训练函数(training function)选定为 trainlm(Levenberg-Marquardt 优化算法),其对于中等规模的 BP 神经网络具有最快的收敛速度,非常适用于火灾探测;权值学习函数采用 learngdm,即带动量的最速下降法,为网络提供更快的收敛速度;转移函数选用 TANSIG,即双曲正切 S 型(sigmoid)函数,保证规则层连续可微并使网络具有较好的容错性;输出层采用线性激活函数 pureline,不限制输出范围,提高网络的收敛速度。误差性能函数选为均方误差 mse。

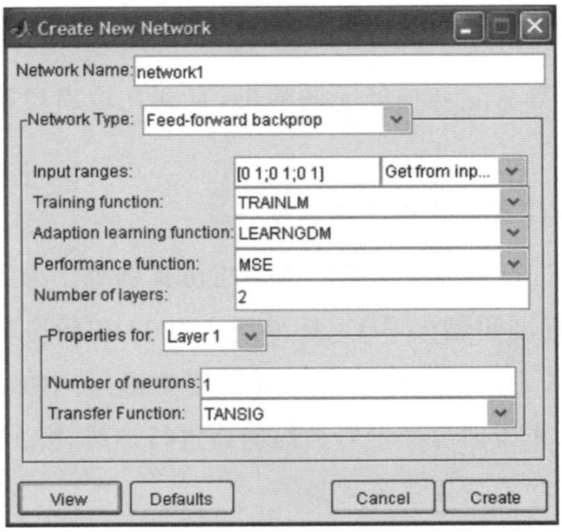

图 4-11　神经网络仿真参数

　　将附录一中的 100 组学习样本输入仿真模型,进行网络的学习与训练。训练参数的选取如图 4-12 所示:期望误差 goal 设定为 0.001,最大训练周期 epochs 设定为 1 000。经过 346 步后,BP 网络的训练误差 Performance 达到了 0.000 986 44,达到预设误差精度要求,网络停止训练。网络训练误差变化曲线如图 4-13 所示。

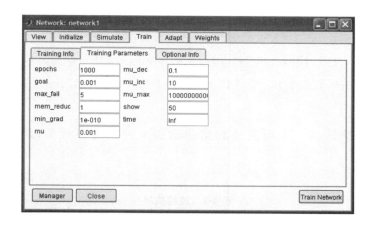

图 4-12　神经网络训练参数

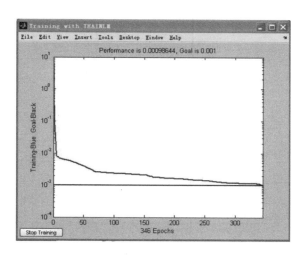

图 4-13　误差变化曲线

训练后的权值矩阵为:

$$W_1 = [10.6249 \quad -5.3207 \quad 4.6325; \quad -1.1727 \quad 5.9426 \quad -2.9444;$$
$$-1.3814 \quad 8.3199 \quad -17.8423; \quad -12.7143 \quad 11.5616 \quad 29.0056;$$
$$13.3952 \quad -12.2652 \quad -30.1702; \quad 6.2476 \quad 19.2522 \quad 16.6063;$$
$$-9.5814 \quad -24.7282 \quad 7.77; \quad -9.1451 \quad 3.751 \quad -5.3614;$$

$$\begin{array}{cccc}
0.98444 & -0.60222 & 6.096; & 1.198 & -5.7767 & 2.2273; \\
3.1673 & -8.1301 & -4.241; & 14.7621 & -13.8827 & 10.5211; \\
1.2569 & -1.6939 & 6.2591; & 10.327 & -4.9911 & -17.5831]
\end{array}$$

$$\boldsymbol{W}_2 = [-7.9013 \quad 8.2864 \quad -4.2029 \quad 7.8991 \quad 7.6003 \quad -0.8269 \quad -0.8528$$
$$-8.0907 \quad 9.8421 \quad 9.89 \quad -1.3371 \quad 2.0073 \quad -14.451 \quad -5.3552]$$

阈值矩阵为：

$$\boldsymbol{\theta}_1 = [-7.6457; 1.128; -0.041706; -4.8359; 4.9169; -23.1528; 12.945;$$
$$7.1522; -1.2721; -0.66281; 2.7844; -0.60537; -1.0267; 10.761]$$

$$\boldsymbol{\theta}_2 = [3.9296]$$

网络训练完毕后,将 15 组验证数据前向送入网络进行检验,检验结果如表 4-1 所示。

表 4-1　检验结果

序号	原始数据			归一化后的数据			期望输出（火灾概率）	实际输出（火灾概率）	误差
	温度	烟雾	CO浓度	温度	烟雾	CO浓度			
1	190	51	86	0.92	0.06	0.571	0.764	0.76599	−0.00199
2	199	60	101	0.996	0.095	0.7	0.822	0.79491	0.02709
3	180	105	90	0.8462	0.2642	0.6087	0.84	0.84988	−0.00988
4	170	65	104	0.7692	0.1132	0.4087	0.728	0.76388	−0.03588
5	185	50	60	0.8846	0.0566	0.3478	0.736	0.74306	−0.00706
6	118	217	73	0.3692	0.6868	0.4609	0.856	0.81967	0.03633
7	80	46	70	0.0772	0.0421	0.435	0.745	0.75937	−0.01437
8	94	250	61	0.187	0.8113	0.355	0.889	0.91659	−0.02759
9	100	228	70	0.2308	0.7283	0.4348	0.879	0.88222	−0.00322
10	102	50	60	0.2462	0.0566	0.3478	0.72	0.69947	0.02053
11	128	58	59	0.445	0.0871	0.336	0.179	0.37756	−0.19856
12	113	42	56	0.3312	0.0259	0.3158	0.303	0.20043	0.10257
13	72	105	47	0.0154	0.2642	0.2177	0.255	0.27238	−0.01738
14	110	50	55	0.3077	0.0566	0.3043	0.208	0.19971	0.00829
15	75	120	36	0.0385	0.3208	0.163	0.273	0.26927	0.00373

检验数据 15 组,其中 1～5 组为标准明火上选取的数据,6～10 组为标准阴燃火上选取的数据,11～15 为典型干扰上选取的数据。从融合结果可以看到,神经网络输出的火灾概率与预期概率基本相同,误差都比较小,只有第 11 组数据误差略大,但是从数值

上看,因为第 11 组数据为典型干扰,只要概率在 0.5 以下即为正确,所以从网络输出的火灾概率来看,是能够做出正确判断的。

4.5.2　模糊算法及其在电气火灾报警系统中的应用研究

4.5.2.1　模糊逻辑算法

模糊逻辑是将人们用模糊概念得到的经验加以总结,将凭借经验所采取的措施变成相应的控制规则,模拟人脑进行模糊识别、判断和控制的技术[109]。

通常的模糊逻辑系统如图 4-14 所示,该系统对参数的判定主要有模糊化、模糊推理和去模糊化。模糊化是将输入数据转换成模糊量,为模糊判断提供可供识别的参量;模糊推理是基于模糊逻辑关系进行推理判断;去模糊化是将模糊推理得到的结论变成确定量输出。

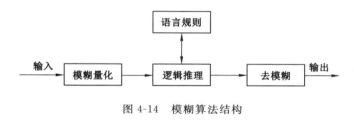

图 4-14　模糊算法结构

4.5.2.2　模糊算法在电气火灾报警系统中的应用

根据图 4-14 的模糊算法结构,设计火灾探测的模糊逻辑融合器。设计过程的主要步骤为:

① 输入量、输出量的模糊量化与标定

以温度输入信号为例进行设计,首先设定温度输入信号的上下限值,作为论域 A,本系统输入量的论域均为[0. 1],将输入的精确量转化为模糊量。

如果精确量 x 的实际变化范围为[a,b],将[a,b]区间的精确量转换为[$-n$,$+m$]区间变化的变量 y,采用如下公式:

$$y = \frac{(m+n)(x - \frac{a+b}{2})}{b-a} \tag{4-21}$$

由式(4-21)得到的 y 值若不是整数,可将其归为最接近于 y 的整数,例如 $-4.8 \rightarrow -5$,$2.7 \rightarrow 3$,$-0.4 \rightarrow 0$。系统中温度信号的实际变化范围为[70,200],方便起见,将温度信号、烟雾信号、CO 浓度信号以及输出概率的实际值进行归一化处理。

将连续变化的实际输入变量,通过模糊化处理,离散为某个论域(本系统为[0,1])

之间的有限整数值,这样便于模糊推理的合成。

之后给出模糊化的等级。等级的划分不是越细越好,等级划分得细,参量描述得就准确,模糊融合后的效果相应会准确些,但是等级划分得过细过多,又会使模糊运算和推理变得更为复杂,模糊系统变得过分冗余。所以本书综合考虑,将温度、烟雾和 CO 气体浓度分别分为 4 档:火情可能性大(PB)、火情可能性中(PM)、火情可能性小(PS)以及无可能性(ZO)。它们分别是论域 A,B,C,D 上的模糊集。

然后建立这些模糊集的隶属函数。常见的隶属函数有三角形函数、高斯函数和棒型函数等。根据实践经验,语言变量的隶属函数的形状对模糊控制过程的影响不大,因此,为了方便起见,本书选择常用的三角形隶属度函数 $u(x)$,三角形函数图如图 4-15 所示,式(4-22)为三角形隶属度函数公式。

$$u(x)=\begin{cases}\dfrac{x-a}{b-a} & a<x<b \\ \dfrac{x-c}{b-c} & b<x<c\end{cases} \qquad (4\text{-}22)$$

图 4-15 以及公式(4-22)表示的是时域连续的隶属函数,在应用中要将其论域离散化,每一个隶属函数表现为离散论域上的一组向量。

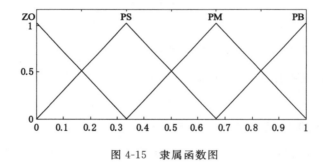

图 4-15　隶属函数图

由隶属度函数可得出四种模糊变量赋值表,如表 4-2 所示(以温度信号为例)。

表 4-2　模糊变量赋值表

隶属度 \ 量化等级 \ 语言变量	0	0.167	0.333	0.5	0.667	0.834	1
ZO	1	0.5	0	0	0	0	0
PS	0	0.5	1	0.5	0	0	0
PM	0	0	0	0.5	1	0.5	0
PB	0	0	0	0	0	0.5	1

　　将模糊控制的其他参量（烟雾、CO 浓度信号以及火灾概率）分别做类似上述的模糊化处理，便构建出了四组模糊集 $\{A_i\}$，$\{B_i\}$，$\{C_i\}$ 和 $\{D_i\}$，分别对应着温度、烟雾浓度、CO 浓度以及火灾概率的模糊量化等级。

　　② 建立控制规则表

　　模糊系统是利用控制规则进行信息的处理的，因此控制规则是模糊系统的核心。控制规则一般以"IF…THAN…"的形式出现。假设本书的模糊系统中，T 表示温度信号，S 表示烟雾浓度信号，C 表示 CO 浓度信号，P 表示火灾概率，则控制规则通常可表示为：

　　"若 T 是 A_i，且 S 是 B_i，且 C 且 C_i，则 P 是 D_i，或简写成为"若 A_i 且 B_i 且 C_i 则 D_i"。比如："IF（温度为 PS）AND（烟雾为 ZO）AND（气体为 PM）THEN（火情为 PM）"就是一条完整的控制规则。控制规则的制定应注意系统实际以及现场经验的总结，控制规则经过合并以及矛盾删除等提炼处理后，不会过多。本系统最终确定的控制规则为 64 条。仿真结果如图 4-16～图 4-18 所示，其中图 4-16 为温度、烟雾与火灾概率图，图 4-17 为烟雾、CO 气体浓度与火灾概率图，图 4-18 为温度、CO 气体浓度与火灾概率图。

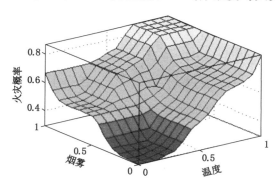

图 4-16　温度、烟雾与火灾概率图

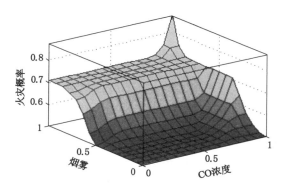

图 4-17　烟雾、CO 气体浓度与火灾概率图

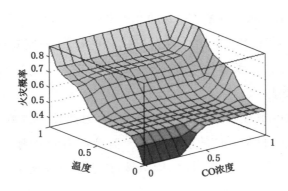

图 4-18　温度、CO 气体浓度与火灾概率图

③ 建立控制推理关系

一条模糊语句就表达一条推理规则，所有的规则就是一组多重复合的模糊蕴含，按照模糊推理的规定，第 i 条规则对应的推理关系 R_i 为：

$$R_i:A_i \times B_i \times C_i \times D_i, \forall x,y,z,u,R_i(x,y,z,u) = A_i(x) \wedge B_i(y) \wedge C_i(z) \wedge D_i(u)$$
(4-23)

所有 n 条规则对应于总的模糊推理关系 R：

$$R = \bigcup_{i=1}^{n} R_i = \bigcup_{i=1}^{n} (A_i \times B_i \times C_i \times D_i)$$

$$\forall x,y,z,u,R_i(x,y,z,u) = \bigcup_{i=1}^{n} (A_i(x) \wedge B_i(y) \wedge C_i(z) \wedge D_i(u)) \quad (4-24)$$

模糊推理关系 R 是所有模糊推理规则的囊括，它成为模糊系统性能的决定因素。

④ 生成输入输出规则表

无论模糊系统的结构如何，模糊控制的最后一步均为查找规则表。假设有一组输入信号：

若温度信号 T 是 A^*，烟雾浓度信号 S 是 B^*，CO 浓度信号是 C^*，根据模糊关系 R，进行模糊推理可得：

$$D^* = (A^* \times B^* \times C^*)°R \qquad\qquad D^* = (A^* \times B^* \times C^*)°R$$

$$\forall u \in U, D^*(u) = \vee (A^*(x) \wedge B^*(y) \wedge D^*(z) \wedge R(x,y,z,u)) \quad (4-25)$$

得到的 D^* 为论域上的一个模糊集。$D^*(u)$ 依然是一个模糊算式，若要得出最终结果，还需进行非模糊化处理，即模糊决断，通常采用的方法为最大隶属度法、重心法，本系统采用的是最大隶属度法。

将制成的输入/输出对应关系的模糊逻辑表作为文件存储在计算机中，实时输出时可从文件中直接查询得到输入对应的输出值。本系统中根据输入对照查表后最终可得到火灾概率 P_2。

4.6　基于多信息融合的电气火灾报警系统在决策层的实现

在特征层提取特征的基础上,决策层要完成最后的判决结果。本系统的决策层就是对特征层里的神经网络融合器所提取的火灾概率与模糊逻辑融合器所提取的火灾概率进行融合,做出最终的火灾判断。

特征层的输出是模糊逻辑融合系统得到的火灾概率 P_2 和神经网络融合系统得到的火灾概率 P_1,两者之间会有一定的差别。本系统规定:当 P_1 与 P_2 都大于 0.5 时,认为必然发生火灾,信号不必进入决策层,直接输出报警信号;当 P_1 与 P_2 都小于 0.5 时,认为没有发生火灾,信号也不必进入决策层进行决策;最困难的是当两概率互相矛盾时,即一个小于 0.5,而另一个大于 0.5,此时无法做出最后的判决,则将信号送入决策层进行最后的火灾辨识。

本系统采用模糊逻辑推理来实现火灾探测融合系统的决策层。

为了减少噪声的干扰,引入火灾信号持续时间作为输入变量之一,定义为:

$$T(n) = [T(n-1)+1] * u(P_i(x) - T_d) \tag{4-26}$$

$$T(n) = [T(n-1)-1] * u(T_d - P_i(x)) \tag{4-27}$$

其中,$u(x)$ 为阶跃函数,T_d 为报警门限,取 $T_d = 0.5$,$P_i(x)$ 为神经网络融合器和模糊逻辑融合器得到的火灾概率 P,火灾概率超过报警门限时开始计时。

模糊逻辑推理的输入、输出量分别为特征层所得到的 P_1,P_2、火灾信号持续时间 T 和输出火灾概率 U,首先需要将它们转化为模糊量。给出 P_1,P_2,T 和 U 的上下限分别为 $[0,1]$,$[0,1]$,$[0,10]$,$[0,1]$,作为论域 U。

由于本决策层含义的特殊性,当无火灾时不可能进入决策层,因此 P_1,P_2 的模糊化等级只分为 3 级,火情可能性大(PB)、火情可能性中(PM)和火情可能性小(PS)。火灾信号持续时间 T 模糊化为两个等级:持续时间短(PS)和持续时间长(PB),由于做最终的火情判断,所以输出火灾概率 U 模糊化为 2 级,有(PB)和无(PS),由于对语言变量的隶属函数形状并不敏感,为了简单方便,仍选用三角函数作为这些模糊集的隶属函数。

经过反复论证,模糊逻辑推理的推理规则一共 17 条,附录二有详细列出。仿真结果如图 4-19～4-20 所示:其中图 4-19 为 P_1、P_2 与火灾概率图,图 4-20 为 P_1、T 与火灾概率图,P_2、T 与火灾概率图与 P_1、T 与火灾概率图相同,不再罗列。

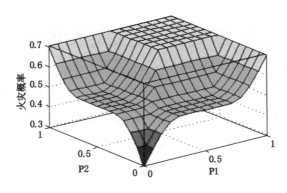

图 4-19　P_1、P_2 与火灾概率图

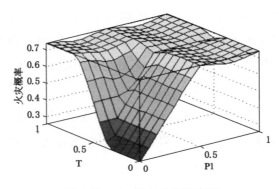

图 4-20　P_1、T 与火灾概率图

模糊推理采用 Mamdani 推理法,即 MIN-MAX 重心法;解模糊化采用最大隶属度法,即取隶属度最大的概率作为输出结果。

得到火灾概率 U 的数值后,若 $U \leqslant 0.5$,判断为无火灾;$U > 0.5$ 判别为有火灾,至此一次融合过程结束。

4.7　实验仿真与数据分析

4.7.1　系统仿真实验环境[110]

MatLab 是一种强大的工程语言,擅长数值计算,批量处理数据,且效率比较高,被广泛应用于系统仿真、信号与图像处理、控制系统设计、通信等诸多领域。其拥有众多的工具箱和仿真模块,如控制系统模型图形仿真环境(Simulink)、神经网络工具箱(Neural Network Toolbox)、模糊控制工具箱(Fuzzy Logic Toolbox)等,各工具箱和仿真模块包含了完整的函数集,可实现具体应用的分析和设计,目前的最新版为 MAT-LAB7.1 版。

4.7.2　系统仿真实验及结果分析

仿真实验所采用的燃火数据,均来自于国家标准明火 SH4(图 4-7)、标准阴燃火 SH1(图 4-6)以及典型干扰环境信号(图 4-8)。

(1)标准明火仿真实验及数据分析

从标准明火 SH4 中随机选取 10 组燃火数据,归一化后分别送入神经网络融合器和模糊逻辑融合器,分别得到火灾概率 P_1 及 P_2,若 P_1、P_2 的结果有矛盾而使系统无法做出正确的判断,则进入决策层进行决策并做出最后的火情判断。实验数据如表 4-3 所示。

表 4-3　标准明火实验数据

标准明火	原始数据			归一化后的数据			期望值	特征层		决策层
	温度	烟雾	CO浓度	温度	烟雾	CO浓度	火灾概率	$P1$	$P2$	
1	190	51	86	0.92	0.06	0.571	0.764	0.765 99	0.766	—
2	195	62	25	0.962	0.102	0.044	0.799	0.711 35	0.683	
3	199	60	101	0.996	0.095	0.7	0.822	0.794 91	0.824	
4	182	59	99	0.862	0.091 2	0.688	0.813	0.785 37	0.723	
5	169	67	67	0.768 7	0.120 8	0.408 7	0.728	0.763 88	0.683	
6	194	230	95	0.961 5	0.735 8	0.652 2	0.905	0.919 84	0.889	
7	180	105	90	0.846 2	0.264 2	0.608 7	0.84	0.849 88	0.714	
8	170	65	104	0.769 2	0.113 2	0.408 7	0.728	0.763 88	0.683	
9	175	60	70	0.807 7	0.094 3	0.434 8	0.802	0.731 96	0.695	
10	185	50	60	0.884 6	0.056 6	0.347 8	0.736	0.743 06	0.739	

本系统规定概率≥0.5 的即认为火灾发生,一般默认明火概率能够达到 0.7 以上,从数据上可以看到,随机选取的 10 组数据,其概率输出 P_1 与 P_2 全部都在 0.5 以上,此时系统直接发出火灾报警信号而不必进入决策层进行决策。

另外,由于是明火组数据,可以看到 P_1、P_2 的数据都比较高,基本都达到了 0.7 以上,基本符合本系统默认的明火概率在 0.7 以上的规定,虽然模糊逻辑融合器的输出 P_2 上有个别数据略低于 0.7,但这并不影响正确的火情输出,因此,明火实验的效果是十分理想的。

（2）标准阴燃火仿真实验及数据分析

从标准阴燃火 SH1 中随机选取 10 组数据，同实验（1）进行仿真，若系统在特征层能够完成火情判断则直接输出；若不能，则进入决策层进行火情的最终判断。实验数据如表 4-4 所示。

表 4-4　标准阴燃火实验数据

标准阴燃	原始数据			归一化后的数据			期望值	特征层		决策层	
	温度	烟雾	CO浓度	温度	烟雾	CO浓度	火灾概率	P_1	P_2	$T=0.5$	$T=0\sim1$
1	103	195	78	0.251	0.602	0.503	0.733	0.688	0.557		
2	96	171	79	0.2	0.512	0.513	0.889	0.646	0.51		
3	118	217	73	0.369	0.687	0.461	0.856	0.820	0.669		
4	100	130	80	0.231	0.359	0.522	0.745	0.740	0.379	0.584	0.589～0.709
5	94	250	61	0.187	0.811	0.355	0.889	0.917	0.518	0.708	0.732～0.732
6	100	125	80	0.231	0.340	0.521	0.739	0.763	0.35	0.562	0.568～0.71
7	104	171	80	0.259	0.512	0.523	0.823	0.873	0.510	0.708	0.726～0.726
8	100	228	70	0.231	0.728	0.435	0.879	0.882	0.555	0.708	0.727～0.727
9	80	46	70	0.077	0.042	0.435	0.745	0.759	0.251	0.505	0.505～0.708
10	100	180	80	0.231	0.547	0.522	0.852	0.813	0.531		
11	100	152	80	0.231	0.442	0.522	0.794	0.784	0.461	0.663	0.67～0.712
12	100	132	81	0.231	0.366	0.53	0.711	0.777	0.388	0.592	0.592～0.712
13	90	51	68	0.154	0.060	0.415	0.679	0.709	0.286	0.52	0.52～0.713
14	102	50	60	0.246	0.057	0.348	0.72	0.699	0.322	0.542	0.562～0.716

首先将 10 组数据进行归一化处理，将归一化后的数据送入特征层的神经网络融合器和模糊逻辑融合器进行特征层融合，分别得到火灾概率 P_1 和 P_2。观察数据发现 10 组中 7 组数据得到的 P_1、P_2 均 ≥0.5，此时系统能够得出火情判断，认定火灾发生，直接启动报警。

而第 4，6，9 组数据出现了矛盾，则将这三组数据的 P_1 和 P_2 以及火灾信号持续时间 T 送入决策层进行决策层融合，由于火灾信号持续时间 T 的隶属度函数的性质，将 $T=0.5$ 作为考察对象，可以看到在决策层融合后的火灾概率均超过了 0.5，则系统认定火灾发生，进行报警；另外，为了检验决策层融合的准确性，又考察了火灾信号持续时间 T 在其整个论域上变化时的决策层输出，数据显示，无论 T 怎么选取，这三组在特征层判断矛盾的数据经过决策层的融合后，输出必然大于 0.5，即系统必然认定为火灾发生，启动报警。

为了再次验证所设计的融合系统的准确性,随机选择另外三组数据即第 5,7,8 组数据,将经过特征层处理后得到的火灾概率 P_1 和 P_2 送入决策层进行火灾识别。从结果中可以看到,这三组数据经过特征层的数据处理后即可得出正确的判别结果,即 $P_1 > 0.5$ 且 $P_2 > 0.5$,而如果继续进行决策层的判决,依然会得到正确的火灾辨识结果,即火灾概率 $P > 0.5$。

观察实验数据可知:由于本次实验选择的都是阴燃火数据,相对于明火而言其特征不是特别突出,因此在特征层进行融合时整体的火灾概率都不如在实验(1)中的高,并且 10 组数据中出现了 3 组矛盾结果,不过由于系统设计的是三层融合结构,3 组矛盾数据在决策层融合时又得到了正确的辨识结果,因此,虽然进行了最高层的融合,但最终结果是系统能够做出正确的判断,这也从另一个角度说明本火灾检测系统的三层融合结构设计是十分必要的,它能够使火灾检测的准确性大大提高,有效地减免了火灾报警的误报率。

为了进一步验证系统的正确性,又追加了 4 组特征信号不明显的阴燃火数据对本系统再一次进行验证,实验结果为表 4-4 中的第 11~14 组数据。从数据中可以看到,经过融合处理,系统最终都能得出正确的火灾辨识结果,做出正确的报警响应,因此,可以认定本融合系统设计是正确的,其辨识的结果是可以信赖的。

(3)典型干扰仿真实验及数据分析

从典型干扰曲线中随机选取 10 组数据,归一化后分别送入神经网络融合器和模糊逻辑融合器,分别得到火灾概率 P_1 及 P_2,若 P_1、P_2 均 <0.5,则系统认定无火灾,不报警,返回继续监控;若 P_1、P_2 的结果有矛盾(即一个 >0.5 而另一个 <0.5)而使系统无法做出正确的判断,则进入决策层进行决策并做出最后的火情判断。实验数据如表 4-5所示。

表 4-5　典型干扰实验数据

标准阴燃	原始数据			归一化后的数据			期望值	特征层		决策层	
	温度	烟雾	CO浓度	温度	烟雾	CO浓度	火灾概率	P_1	P_2	$T=0.5$	$T=0\sim1$
1	128	58	59	0.445	0.087	0.336	0.179	0.378	0.456		
2	85	45	45	0.116	0.038	0.217	0.173	0.220	0.261		
3	116	280	52	0.356	0.925	0.28	0.253	0.037	0.668	0.48	0.418~0.491
4	120	40	50	0.385	0.019	0.261	0.314	0.311	0.401		
5	71	100	40	0.008	0.246	0.174	0.266	0.285	0.32		
6	113	42	56	0.331	0.026	0.316	0.303	0.200	0.335		

表 4-5(续)

标准阴燃	原始数据			归一化后的数据			期望值	特征层		决策层	
	温度	烟雾	CO浓度	温度	烟雾	CO浓度	火灾概率	P_1	P_2	$T=0.5$	$T=0\sim1$
7	75	120	36	0.039	0.321	0.163	0.273	0.269	0.333		
8	71	102	40	0.008	0.245	0.174	0.266	0.223	0.32		
9	118	45	45	0.369	0.038	0.217	0.289	0.326	0.388		
10	72	105	47	0.016	0.264	0.218	0.255	0.272	0.326		
11	115	115	65	0.346	0.302	0.391	0.269	0.275	0.356		
12	145	45	60	0.577	0.038	0.348	0.207	0.228	0.563	0.463	0.457~0.495
13	110	50	55	0.308	0.057	0.304	0.208	0.199	0.332		

首先将 10 组数据进行归一化处理,将归一化后的数据送入特征层的神经网络融合器和模糊逻辑融合器进行特征层融合,分别得到火灾概率 P_1 和 P_2。观察数据发现 10 组中 9 组数据得到的 P_1、P_2 均<0.5,此时系统能够得出火情判断,认定无火灾,则返回继续监控。

而第 3 组数据出现了矛盾,特征层得到的 $P_1=0.037$ 而 $P_2=0.668$,,即 $P_1>0.5$ 而 $P_2<0.5$;此时系统无法做出正确的火情判断,则将该 P_1、P_2 以及火灾信号持续时间 T 送入决策层进行决策层融合,与实验(2)同样的道理,将 T 设置为 0.5 进行考察。可以看到决策层融合后,其最终的火灾概率 $P=0.48$,则系统认为无火灾,返回监控;另外,为了检验决策层融合的准确性,又考察了火灾信号持续时间 T 在其整个论域上变化时的决策层输出,数据显示,无论 T 怎么选取,第 3 组在特征层判断矛盾的数据经过决策层的融合后,输出范围为 0.415~0.48,即总是小于 0.5,即系统必然认定无火灾,返回监控。

观察实验数据可知:典型干扰的确对火灾的识别有一定的干扰因素,使得特征层的模糊逻辑融合器判断失误,但在决策层上的最终判断结果是正确的,这也从另一个角度说明本火灾检测系统具有一定的抗干扰能力,其能够有效避免干扰信号对火灾正确辨识的影响。

为了进一步验证系统的正确性,又随机选取了 3 组典型干扰数据对系统再一次进行验证,实验结果为表 4-5 中的第 11~13 组数据。从数据上看,这 3 组数据有 2 组在特征层即可完成本次火灾的判断,1 组需进入决策层做最终判断。无论怎样,3 组数据的火灾最终辨识都是正确的,系统并未受到干扰因素的影响,系统的判断是正确的,其辨识结果是值得信赖的。

4.8　本章小结

本章进行了基于故障电弧的电气火灾多信息融合系统的构造。完成了信息融合的层次设计以及每一层次融合的方法实现。为了保证系统对电气火灾辨识的准确性，运用标准火对所设计的融合系统进行了大量的实验仿真。通过对仿真数据的分析，得出本融合系统的设计是可靠的，能够完成对电气火灾的准确判断。

第5章 基于故障电弧的多信息融合的 电气火灾预报警系统的硬件设计

本电气火灾预报警系统的任务是实现一定区域的电气火灾的预警及报警,为了设计方便,确定应用对象为大型商场、图书大厦、学校、车站等人员、财务密集的公共场所。由于目前国内外对电气火灾的报警控制还没有一个统一标准,本设计部分参考我国火灾报警控制器的国家标准《火灾报警控制器》(GB 4717—2024)的要求。

5.1 电气火灾预报警系统的总体方案及功能

为了实现一定区域的电气火灾预报警,本系统采用集散控制(Distributed control)理念来完成设计。所谓集散控制简单地说就是集中监视、操作、管理与分散控制相结合。系统总体方案图如图 5-1 所示。

如图 5-1 所示,将每个检测点进行编号以便于信号的传输、管理以及火情发生时的燃烧点的定位。如图中的 $1^{\#}$ 到 $n^{\#}$,为了方便系统的实现、应用及推广,在系统的设计上均采用模块化的设计方法。

硬件设计的模块化,是指将系统分解成多个小的、独立的、相互作用的组件,每个组件单元完成独立的功能,系统可以按照具体要求对组件进行组合、分解及更换。对于本系统而言,由于电气火灾的预警与报警从原理上是独立的,可以分别实现,因此将预警功能和报警功能分别模块化,即相互独立成块,便于针对具体应用对象的具体要求进行组合与拆分。

由于需要对多点进行火情监控,所以各个检测点都要有一套信号采集。通过前面章节对电气火灾的深入分析,最终确定通过检测电气线路上电流信号的变化来判断有无故障电弧的发生,从而实现电气火灾的预警;通过检测燃火信号:温度、烟雾以及 CO

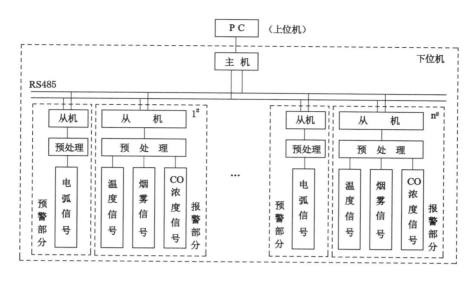

图 5-1　系统总体设计框图

浓度来综合判断有无火情的发生,从而实现电气火灾的报警。因此,每个检测点要采集的信号为:线路电流、温度、烟雾及 CO 浓度这 4 个特征信号。

由于检测点个数多而且比较分散,因此信号的传输距离就比较长,本系统采用 RS485 总线方式实现检测信号的传输。将采集到的传感器数据经过一定的预处理,使其成为标准信号之后通过 RS485 总线传送到主机,主机可完成一定的信号处理与判断,并完成基本的声光报警等功能;主机再将信号传输给 PC 机,即上位机,上位机实现电弧预警算法及火灾融合算法,并实现整个系统的监控功能。

5.2　电气火灾预警系统的结构设计

5.2.1　电弧信号采样方案设计

根据第 2 章对电弧特征的分析可知,本书对故障电弧的检测思路为通过确定故障电弧电流中的零休点现象来判断故障电弧的发生,由图 2-4、图 2-5、图 2-6 可知,电弧的熄灭和重燃过程大概需要 1 ms 到 2 ms,为了不遗漏特征信号,取最小值 1 ms。在这个过程中只要能够保证系统采样 2 次以上,就能准确反映零休过程。同样的道理,采样间隔选择小于 1/2 的零休时间,则采样频率应为≥2 kHz,才能满足系统要求。本系统的采样频率选择为 10 kHz,则要求在对信号进行 A/D 转换时,其转换速率应>0.5 ms,则常用的单片机晶振频率(6 MHz\12 MHz)能够满足系统要求。

电流信号的提取选用四通公司的霍尔电流传感器,A/D 转换采用精度为 16 位的 AD976A,选用 AT89S51 单片机作为检测从机,用检测从机控制 AD976A 芯片,并可用来选择输入单片机的信号;为了使主机能够用串行口同时与从机和上位机通信,系统主机采用 2 片 AT89S51。两主机之间采用并行通信方式。主机与从机之间的通信协议采用 RS485 串行通信协议,主机与上位机的通信协议采用 RS232 串行通信协议。电弧检测系统如图 5-2 所示。

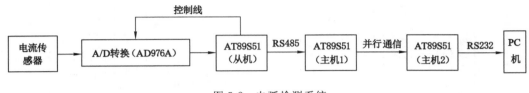

图 5-2　电弧检测系统

由于从机与主机 1 之间采用 RS485 串行通信方式,因此系统选用 MAX232 芯片作为电压转换芯片,并选择 SN75LBC148 作为 RS-485 收发器。SN75LBC148 能完成 TTL 与 RS485 之间的转换,并能够可靠防雷,主机 2 与 PC 机的串行通信协议为 RS232,因此还需要一个精简的 9 针 RS-232 标准接口。

5.2.2　电弧信号采样电路实现

电弧信号的采样电路主要包括有 A/D 转换电路以及串行数据的发送电路。

（1）A/D 转换电路[111]

AD976A 将霍尔电流传感器采集的信号进行 A/D 转换,其转换电路如图 5-3 所示。

如图 5-3 所示,为了方便 AD976A 芯片读信号,将电流传感器的输出端与地之间接一个阻值为 250 Ω 的电阻,从而将其输出的电流转换成电压。为了满足 AD976A 芯片的内部要求,在其模拟量的输入端接一个阻值为 200 Ω 的电阻。AD976A 的 $\overline{\text{BUSY}}$ 端接 AT89S51 的 P3.2 口,作为 A/D 转换的结束标志;$\overline{\text{CS}}$ 端接 P2.0 口,作为片选端,使其在下降沿时配合 R/C 促使 AD976 读数或转换;R/C 端接 P2.1 口,用于指出 AD976 芯片的状态是读数还是转换;BYTE 端接 P2.2 口,当 BYTE＝0 时,P1 口接收低 8 位数据;BYTE＝1 时,P1 口接收高 8 位数据;D0—D7 接 P1 口,用于传送数字量。

（2）主机与从机之间的数据传输电路

主机与从机之间采用串行口进行数据通信,通信网络选择 RS485 半双工通信方式,图 5-4 所示为主从机之间的数据传输电路图。

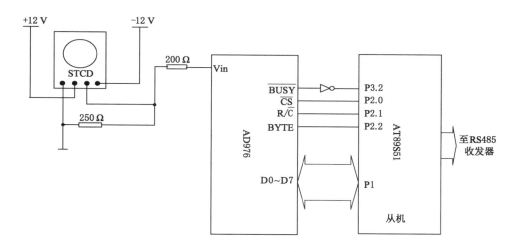

图 5-3　A/D 转换电路图

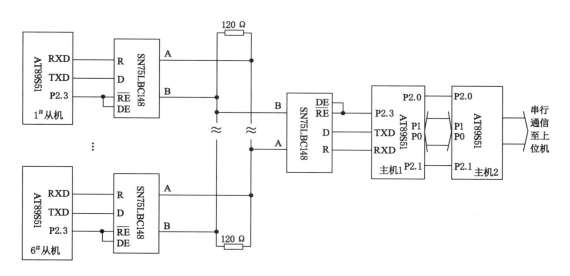

图 5-4　主机与从机间的数据传输电路图

利用 RS485 传输网络,从机将传感器提取的信号传送给主机 1,主机 1 与主机 2 之间为并行通信,之后主机 2 将信号经过串行口传送给上位机。

（3）主机与上位机数据传送电路

数据在主机与上位机之间通过串行口传输,应用的是 RS232 串行通信协议。因此选择 9 针 RS232 标准口和 MAX232 电平转换芯片。在规定禁止硬件握手的环境下,9针的 RS-232 标准口只用到了 2、3、5 口。如图 5-5 所示。

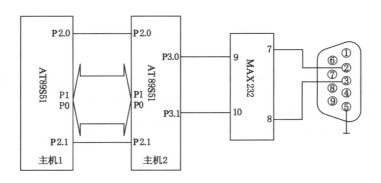

图 5-5　主机与上位机数据传输电路图

5.3　电气火灾报警系统的硬件设计

5.3.1　报警系统的方案设计

电气火灾的报警功能主要是指当电气燃火发生后，系统能在火焰燃烧的初期及时检测、准确判断并迅速报警。根据第 4 章的分析，采用火焰燃烧初期的特征信号：温度、烟雾以及 CO 浓度来进行综合处理，实现火情判断。

报警功能的设计方案如图 5-6 所示。

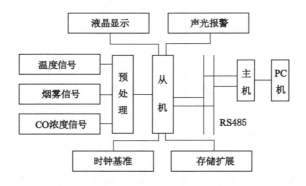

图 5-6　报警系统设计框图

传感器采集的温度、烟雾及 CO 浓度信号经过调理电路、A/D 转换电路等的处理，变成标准信号后进入系统的从机，从机将信号通过 RS485 总线送入主机，并完成基本的声光报警功能和液晶显示功能，另外从机还要进行时钟基准和存储扩展。主机将信号通过 RS232 串行送入上位机，即 PC 机。上位机主要完成信号的融合算法以及监控系统的显示、火灾信息的存储、打印等功能。

5.3.2　报警系统硬件电路实现

5.3.2.1　温度信号采集电路设计

选择温度传感器 LM335Z 进行温度的采集。LM335 系列是美国国家半导体公司(NS)生产的一种精度比较高的集成温度传感器,其为 3 端输出,图 5-7 所示为温度检测电路图。

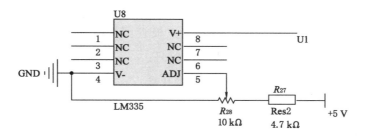

图 5-7　温度检测电路

该类温度传感器的温度检测原理为通过硅晶体管发射极电压与温度为线性关系,从而实现温度的检测。其输出电压为:

$$U_0 = \frac{R_{28}}{R_{27}} \frac{kT}{q_0} \ln 8 \tag{5-1}$$

其中　q_0——电子电荷;

　　　k——波尔兹曼常数;

　　　T——绝对温度。

由式(5-1)可知,若 R_{28}/R_{27} 为常数,U_0 就与绝对温度成正比关系,且可通过 R_{28}/R_{27} 来调整其温度灵敏度。电压输出型传感器的优点为直接输出电压,输出阻抗值低且与控制电路连接容易。LM335Z 的工作温度范围为 $-40\sim100$ ℃,当工作电流在 $0.4\sim5$ mA 范围内波动时,该传感器的性能不会受到影响。在温度为 20 ℃时,通过调节电位计使之输出电压为 2.98 V,从而完成对其的校准工作。

5.3.2.2　烟雾信号采集电路设计

感烟探测器主要有离子感烟探测器和光电感烟探测器等,离子型感烟探测器的电离室里有放射源镅 241,会对环境造成污染;光电式感烟探测器又可分为减光式和散射光式,本系统选用的是散射式的光电感烟探测器。

光电感烟探测电路中的发光器件大多选择大电流且发光效率比较高的红外发光管,受光器件大多选择半导体硅光电管,本设计选择了 OPTEK 公司的 OP231 和

OP801 SL 光电组合套件充当发射管与接收管,发射管为＋1.5 V 供电,接收管则为直流 5 V 供电。

烟雾微颗粒对光具有散射能力,在特定的烟雾浓度范围内,散射光的强度与烟雾的浓度成比例。由于烟雾的测量局限在小范围内,反而有助于避免受到影响测量的干扰,因此利用光散射原理测量烟雾浓度效果比较好。

在发射管和接收管之间有光隔离板,可以在无烟时阻挡光电三极管对光的接收,所以正常情况下接收管不会出现光电流;当火灾发生出现烟雾时,进入检测室烟雾的烟颗粒对发射器发射的光产生漫散射作用,光电三极管因接收到漫散射的光而产生阻抗变化从而产生光电流,将烟雾信号变换成为电信号。

OP231 系列器件是一种密封封装的铝砷化稼(GaAlAs)红外发光二极管,其具有较宽的温度适应范围,工作温度范围为－65～＋125 ℃。当与 OP800 或 OP598 系列的光电三极管作为对管配套使用时,其狭窄的发射角度以及特殊的射线强度十分适合于光干扰等的设计当中。

OP801 SL 是密封封装的 NPN 型硅光电三极管,其不但拥有光敏二极管的光感性质而且拥有三极管的放大能力,并且还有狭窄的光接受角度以及较宽的温度适应范围。其狭窄的接收角度提供了与发射管在轴线方向的耦合。

在红外发射电路中设计了一个 555 电路,555 电路的特点是能够发出频率可调的脉冲波形,由于其输出脉冲的占空比可以调节,所以在设计不同需求的驱动输出时十分便利,图 5-8 示出的是其电路原理图。电路通电以后,555 振荡输出脉冲通过 V1(8050)放大且反相,使红外发射管 OP231 上能够得到调制后的方波电压信号。本设计输出的振荡方波电压信号为 7 ms 高电平与 139 ms 低电平,频率约为 7 Hz。设计时以发射管高电平供电时间满足单片机采样时间为基准,同时满足低功耗的要求,具体的参数选择为:

$$T_H = 0.693 * R_3 * C = 0.693 * 10^3 * 1 * 10^{-6} = 6.9 \text{ (ms)}$$

$$T_L = 0.693 * R_8 * C = 0.693 * 200 * 10^3 * 1 * 10^{-6} = 138.6 \text{ (ms)}$$

$$F = 1.44 / ((R_3 + R_8) * C) = 1.44 / (10 + 200) * 10^3 * 1 * 10^{-6} = 6.86 \text{ (Hz)}$$

接收电路中的光电三极管接收到烟雾颗粒散射的光信号后,以变化电流的形式传输给三极管 V2(9014),放大后的射极电流变换为电压信号作为输出,其输出端可变电阻用来将电压信号调整为合适的数值从而提供给计算机进行采样。

5.3.2.3　CO 浓度采集电路设计

气敏传感器对环境中某些种类的气体成分及浓度敏感,从而可以将气体种类及浓度信息转换成电信号,按其材料选用的不同可分为半导体和非半导体两种类型。半导

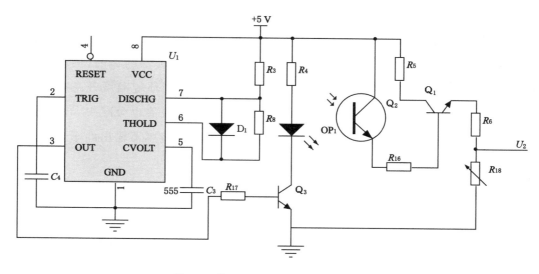

图 5-8　散光型光电感烟探测器电路图

体气敏传感器的基本材料为氧化物半导体，通过其表面对气体的吸附而使其电导率产生变化，具有灵敏度高以及响应迅速等特点。

　　根据检测原理的不同，半导体式气敏传感器又可分为电阻式和非电阻式两种。目前应用比较广泛的，工艺比较成熟的是以 SnO_2 为气敏材料的表面控制型多孔质烧结体气敏传感器。本系统选用 TGS 813 型旁热式 SnO_2 气敏元件实现 CO 气体浓度的探测，TGS 813 型旁热式 SnO2 气敏元件对 CO 有很高的灵敏度和较好的温湿度稳定性。在电路设计中加入了温湿度补偿，从而消除环境温湿度对 SnO_2 气敏元件的影响，提高系统可靠性，具有温湿补偿的 CO 气体浓度的探测电路如图 5-9 所示。

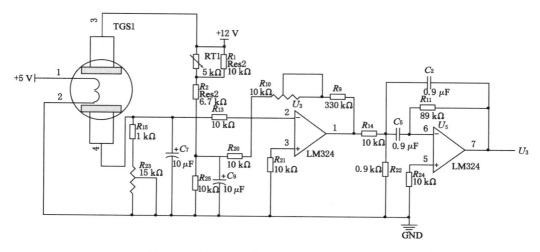

图 5-9　具有温湿补偿的 CO 气体浓度探测电路

温湿补偿电路由 R_{T1} 和 R_1、R_2、R_{13}、R_{20}、R_{25} 组成。热敏电阻 R_T 与气敏元件一起连接到运算放大器 U_1 的反相端,与 R_{10}、R_9、R_{21} 构成差动放大电路,被二阶带通滤波后送入用于 AD 转换的 TLC2543。在图 5-9 中,为了达到温湿补偿的目的,热敏电阻 R_T 的电阻温度系数与气敏元件温度系数应相同或接近。当周围环境温度升高时,气敏元件的阻值会减小,从而减少了其上的分压;同时热敏电阻的阻值也会减少,导致 R_{25} 的分压增高,因而实现了补偿。通过补偿可以降低温度对 CO 传感器输出的影响,从而提高了电路的检测精确度。

5.3.2.4 模数转换电路设计

A/D 转换功能由 TI 公司的 TLC2543 来完成,TLC2543 是一种含有 12 位及 8 个通道的串行模数转换器,其输入的 8 个通道能够同时接多个传感器,12 位的分辨率能够保证系统的精确度,串行输入的结构可以节省单片机的 I/O 资源[112]。

选用了专用参考电压芯片 TL431 来保证 A/D 转换的精确度,A/D 转换电路原理图如图 5-10 所示。

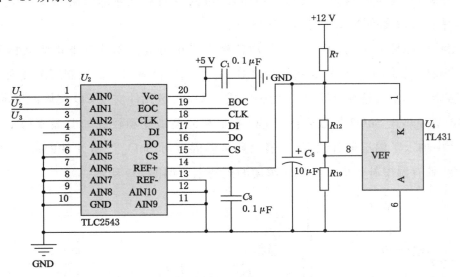

图 5-10　模数转换电路原理图

TL431 组成的精密 5 V 稳压电路为 TLC2543 提供参考电压。TLC2543 所需的参考电压由 REF＋和 REF－接入,REF＋接 TLC2543 的 5 V 电压端,REF－接地。TL431 内部含有一个 2.5 V 的基准电压,当在 REF 端引入输出反馈时,器件可以通过从阴极到阳极宽范围的分流,控制输出电压。两精密电阻 R_{12} 和 R_{19} 通过对 V_o(即 REF＋上所需的参考电压)的分压引入反馈,若 V_o 升高,反馈量会随着升高,TL431 的分流同时也会增多,从而又致使 V_o 降低。因此,该深度负反馈电路需要在 VI 等于基准电压

时达到稳定状态,即为:

$$V_o = (1 + R_7/R_{12})V_{ref}$$

当 $R_{12} = R_{19}$ 时,$V_o = 5V$,这就为 TLC2543 提供了精确的电压基准。

5.3.2.5　单片机最小系统

选用美国 CYGNAL 集成产品公司生产的 C8051F020 单片机,该单片机的高速 CIP-51 内核能够兼容 8051,并与 MCS-51 指令集完全兼容,是一种功能比较齐全的高速、高性能单片机。

该单片机周围扩展有时钟基准、存储扩展、液晶显示、声光报警以及键盘等。

（1）时钟基准

由于系统需要存储火灾报警的记录及时间显示,所以需要设计一个时钟基准电路来提供时钟基准。系统开机时,单片机通过对时钟/日历芯片的写入来设定系统初始时间,可精确到秒;火灾记录存储时,可从时钟/日历芯片调出当时的时间储存到系统的内存。本系统选用 PHILIPS 公司的时钟/日历芯片 PCF8563。

通过 SDA_2、SCL_2 两条线来完成单片机与时钟/日历芯片之间的数据传送,图 5-11 示出了时钟基准电路图。

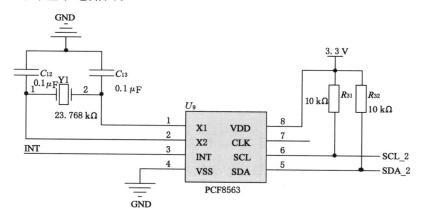

图 5-11　时钟基准电路

（2）存储扩展

采用了 CATALYST 的 I^2C 系列器件 CAT 24 WC08 来完成存储扩展。CAT 24 WC08 是串行的且非易失的 E^2PROM 存储器,内含 8Kbytes 的存储容量,采用 I^2C 总线协议,使用 SDA,SCL 两根线进行数据的传输,可直接与 MCS-51 系列单片机接口。

与 PCF8563 类同,对 CAT24WC08 也是通过 SDA、SCL 两条线进行数据传输的如图中所示的 SDA_1、SCL_1。图 5-12 所示为存储器扩展电路图。

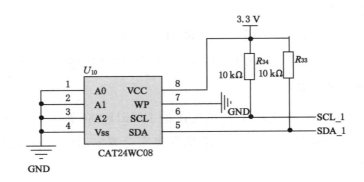

图 5-12 存储器电路

5.3.2.6 液晶显示电路设计

选用内置 T6963C 控制器的液晶显示模块 LG240641-DW。T6963C 具有独特的硬件初始值设置功能,在上电时基本完成其初始化设置。

该模块访问单片机接口的方法有两种:直接访问和间接访问。直接访问就是直接将该模块挂接到计算机总线上,读/写操作均由计算机的读/写操作信号控制;间接访问就是将其与计算机系统中的某个并行 I/O 接口连接,计算机通过对该 I/O 接口的操作间接实现对该模块的控制。本设计选择间接控制方式,液晶显示模块的接口电路如图 5-13 所示。

选用 C8051F020 单片机的 P7 口作为一个 8 位并行接口与模块的数据线相连,作为数据总线;另外选用 4 位并行接口作为时序控制信号线,即 C8051F020 的 P4.0 作为/WR,P4.1 作为/RD,P4.2 作为/CE,P4.3 作为 C/D̄。间接控制方式的接口电路与时序无关,时序完全由软件编程完成,模块的初始化设置均由管脚设置来完成[113]。

5.3.2.7 电源模块设计[114]

电源电路为整个系统提供工作时所需的电压。由于本系统在电气火灾的预警和报警部分上基本独立设计,所以电源供电电路的设计上也应考虑到电路设计以及 PCB 制版上的方便,还要考虑减少系统日后的检修与维护工作。

系统总体所需要的供电电压形式基本有以下几种:CO 浓度采集模块需要提供+12 V 供电电压;AD976A、MAX232、RS-232 接口、SN75LBC184、AT89S51、AD976A、以及液晶显示器均采用+5 V 供电;另外还需提供+1.5 V 和+3.3 V 作为其他芯片工作电压,将这些电压等级设计在一个电路图中,如图 5-14 所示。

市电交流电压 220 V 首先经变压器及整流电路获得+18 V 直流电压;再经三端可

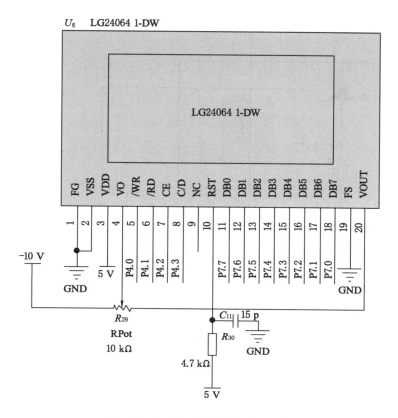

图 5-13　液晶显示模块的接口电路

调式电压调节器 LM317 将电压调节为＋13 V,作为 MAX1 的输入电压及主、备用电源切换参考电压;然后再经 MAX1 可获得＋5 V 电压;最后采用 LM317 将电压调节为＋3.3 V 或 1.5 V;同时采用一片 MAX749 将＋5 V 电压转化为－10V,为 LCD 提供一个负的对比度调节电压 UADJ,－10 V 电压的转换电路见图 5-15 所示。

在图 5-14 的主电源电路中还设计了备用恒定直流电压,由 12 V 蓄电池实现。即当外部电源供电出现问题时,可启动备用电源即蓄电池来继续供电。电压经过稳压输出后,与蓄电池之间通过二极管相连,经过变压、整流、滤波后获得＋18 V 的直流电压,然后经过集成三端稳压器 LM317(可调整的输出电压范围为 1.2～37 V)可调节为＋13 V。当外部电源正常供电时,二极管 D5、D6 导通,D7 截止,后续的电路采用外部电源供电,同时为蓄电池充电;当外部电源没有供电时,二极管 D5、D6 截止,D7 导通,后续的电路采用蓄电池供电。系统的主/备用电源之间可实现自动切换,即当外部电源出现意外而不能正常供电时,系统能够自动切换使内部蓄电池供电,并且切换的过程不会影响系统的工作状态。

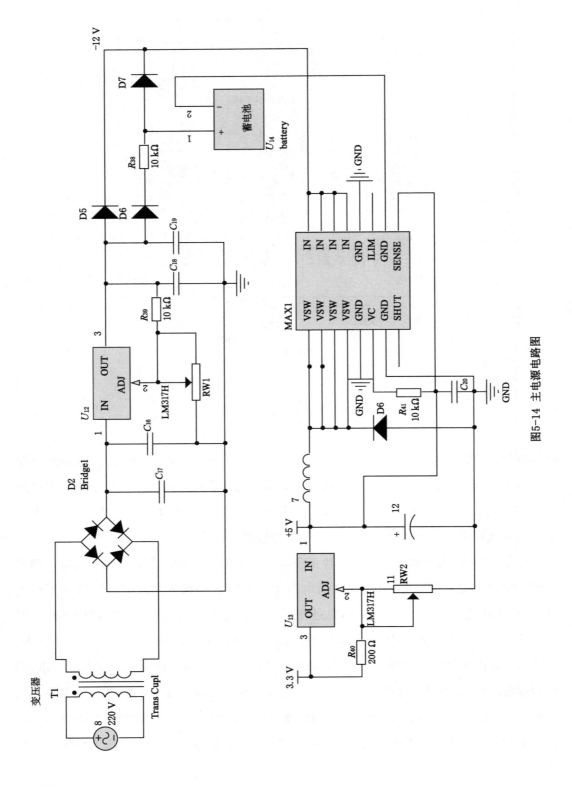

图5-14 主电源电路图

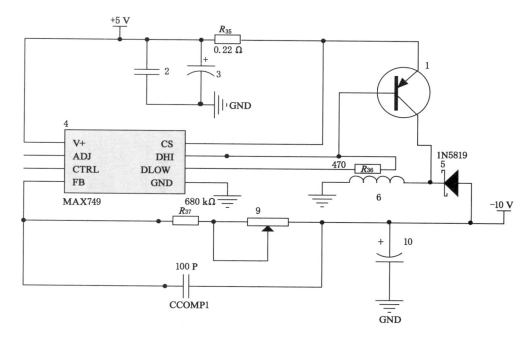

图 5-15 —10 V 电源电路转换图

在—10 V 电压的转换电路(图 5-15)中,利用 MAX749 为液晶显示模块提供一个负的对比度调节电压 UADJ,幅值为—10 V 左右。MAX749 是专用的产生 LCD 负电压的电源变换器件。MAX749 为倒相式 PFM 开关稳压,输入电压+2～+6 V,产生的负的 LCD 偏置电压可达—100 V 以上,而具体的输出值可利用其内部的数模转换器进行调节,也可通过 PWM 信号或电位器进行调节[115]。

单独为霍尔电流传感器设计了±12 V 供电电源电路,如图 5-16 所示。该电源电路主要由 LM7812 和 LM7912 芯片来实现。电路图中的变压器为 220 V 交流输入双12 V 输出;整流桥采用常用的整流二极管 1N4007 共四个组成;滤波电容主要由四个2 200 μF 的电解电容组成;LM7812 的输入端电容为一个 0.1 μF 和一个 0.33 μF 组成,输出端电容为一个 0.1 μF,LM7912 上的输入/输出电容与 LM7812 相同;D1、D6为两个普通 1N4007 二极管,利用其反向截止的特性可以起到对 LM7812 和 LM7912的保护作用。

本设计中还包括键盘电路以及声光报警电路,限于篇幅这里不再赘述。系统总电路图参见附录四。

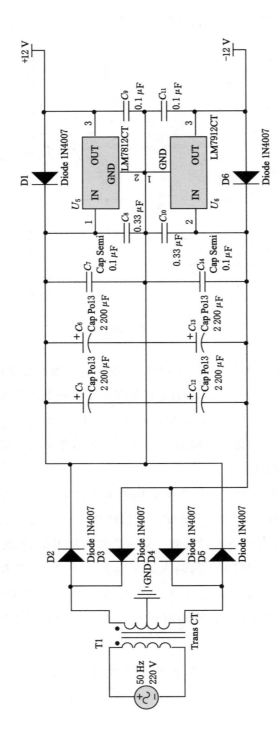

图5-16 ±12 V电源电路

5.4   硬件电路板的实现及系统封装

在以上的各个硬件电路模块以及系统总电路图的设计基础上,进行了电路图的 PCB 制版,并完成了硬件电路板的制作,本研究中为了方便系统以后的故障排查及检修,在电路板的制作上依然采用电气火灾的预警部分与报警部分分开制版的办法,使得整个系统电路有条不紊,井然有序。图 5-17 所示为电气火灾报警部分的印刷电路板图。

整个系统分为上位机和下位机两个部分,下位机又分为主机和从机,系统整体设计思路参见图 5-17。系统需要完成一个大空间领域里多个检测点的电气火灾监测。下位机的主要功能为电气火灾特征信号的采集、预处理及传输,其中主机能实现一定的信号处理与判断,以及基本的声光报警等功能;上位机由 PC 机实现,其主要功能为完成电弧预警算法及火灾融合算法,并完成整个系统的监控功能。

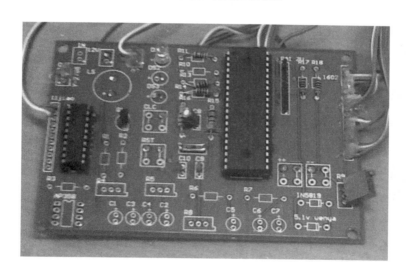

图 5-17   报警部分印刷电路板

在具体的系统实现上,将下位机的主要部分即电气火灾预警电路和电气火灾报警电路分别制版,然后封装成一个独立的产品,便于安装。鉴于电气火灾发生的特点,一般检测点均选择为被监测的大空间领域里的各个配电柜,即将欲放置在配电柜内的电路板部分整体封装后放置在各个配电柜内。将电路板进行封装,可以防止检测电路受到配电柜内高压电力设备的干扰,是对电路的一种保护措施。图 5-18 所示为封装好的一个下位机实物图。

图 5-18　封装后的实物图

5.5　本章小结

　　本章进行了电气火灾预报警系统的硬件设计。根据系统的特点,以集散控制理念进行了系统的总体方案设计,并模块化硬件功能以便于系统的实际应用。整个系统分为上位机和下位机,上位机主要完成信号处理、算法实现、信息存储等功能;下位机主要完成信号的传输以及预处理等功能。进行了各个功能单元的电路设计,完成了整个系统的总电路图设计。

第6章　基于故障电弧的多信息融合的电气火灾预报警系统的软件设计

电气火灾预报警系统应达到实时监测的能力才有意义,因此系统需要有较高的响应时间,所以编写程序时应考察程序的执行时间,即至少要求在现场数据采集完毕后,系统在允许的时间间隔内能够完成数据的处理,得到辨识结果。整个系统的数据处理部分由上位机完成,而下位机则主要完成数据的传输、简单初步处理等功能,另外命令均采用中断方式进行响应,来保证需处理的任务可及时得到响应。

为了使系统能够更加方便地应用于实际,软件方面亦采用模块化方法。编写程序采用自顶向下法,将软件功能分为若干子功能模块,每一个子功能模块对应一个相对独立的子程序,若要对软件功能进行添加或修改,只需对相应的子程序模块进行添加或修改。

6.1　电气火灾预警功能的软件设计

由本书第2,3章的分析可知,系统通过对故障电弧的小波奇异性分析来预警电气火灾的发生,软件部分主要由上位机和下位机的程序组成。下位机主要提取被检测线路的电流信号,并将其通过串口传送到上位机。上位机即为PC机,主要用于监控画面的实现以及故障电弧检测算法的实现。

6.1.1　故障电弧检测的下位机软件设计

本研究以6个监测点为例进行设计,则对于故障电弧的检测,需要分别采集这6路电网上的电流信号。根据系统总体设计框架图5-1所示,下位机由主机和从机构成。从机放置在靠近检测点的位置,主要完成 A/D 转换及 RS-485 串行口通信;主机放置在靠近上位机的位置,主要接收从机发送的串行信号,整理后再发送给上位机。因此,下位机的程序设计主要是信号的传输。

在组态软件 LabWindows/CVI 平台上进行上位机程序的开发。但存在的问题是 LabWidnows/CVI 在读取串行口数据时只能识别字符型数据。由于上位机承担着信号的分析处理任务,而下位机的主要任务只是信号的传输,因此将下位机传输的数据设计为字符型。为了更方便地实现数据类型的变换,运用 C 语言来完成主机 2 与上位机通信的程序编写。

在 C 语言中,假设 a 为一个有符号整形数,命令 b＝(char)a 能够将 a 强制转换为字符型数据,命令 c＝(int)b 能够将 b 还原为整形数据 a,即 c＝a。可是由于单片机、PC 机以及 A/D 转换芯片各自的转换数据的能力并不一致,因此存在以下问题:本书所采用的单片机 AT89S51 由于是 8 位,因此只能完成－32 到 31 之间的数据转换,32 位的 PC 机只能完成－128 到 127 之间的数据转换,而本书所选择的 A/D 转换芯片 AD976A 的转换精度为 16 位,它能够完成－32768 到＋32767 之间的数据转换与输出,远远超过了 (char)a 和(int)b 指令在 8 位单片机中的数据处理的能力范围。所以在进行数据传送时,采用按位传送的方法,即将每次需要传送的数据按位段拆开,如将一个字段拆分成"个"、"十"、"百"、"千"、"万"五个部分(符号位并入"万"位),并加入相应的标志位进行位段的区别。上位机接收完数据后再依据位段进行重新组合。另外每个数据均加上标示位以说明数据来自于哪个从机,从而避免数据的混乱。

6.1.1.1　从机的程序设计

从机主要完成 A/D 转换及与主机 1 之间的 RS-485 串行通信,因此从机程序的编写主要包括 A/D 转换程序、数据处理程序以及 RS-485 串行通信程序。为使系统稳定运行不出现死机情况,在每个 AT89S51 芯片中均设看门狗程序。图 6-1 所示为从机的程序流程框图。

(1) 从机 A/D 转换程序的编写

当 $\overline{SC}$ 和 R/C 同时为低时,启动一次转换并保持该状态至少 50 ns,转换过程开始 $\overline{BUSY}$ 变低并保持到该次转换的结束。BYTE 引脚可让总线上的数据输出采用两种方式:或一次并行全部输出,或以两个 8 位的形式从 6～13 脚或 15～22 脚输出。以二进制补码形式作为输出数据的格式。数据输出时 R/C 为高 $\overline{SC}$ 为低。图 6-2 为 A/D 转换的程序流程图。

(2) 从数据处理程序的编写

数据处理是指从 A/D 转换芯片读出数据。由于上位机软件平台接收的串行口数

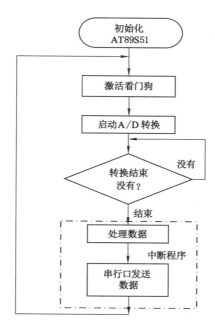

图 6-1　从机程序流程图

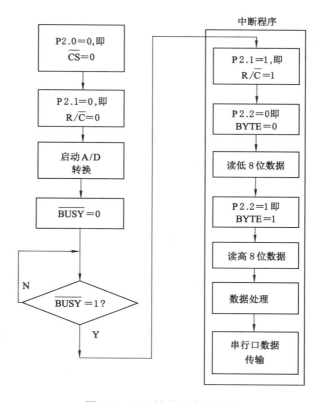

图 6-2　A/D 转换程序流程图

据类型为字符型,因此单片机发送数据时应为字符型数据。根据 AD976 的输出数据范围,将每一个采样数据按位段分别以个、十、百、千、万等五位发送,上位机将每五次接收的数据为一个数据组来重组。图 6-3 为下位机数据处理程序流程图。

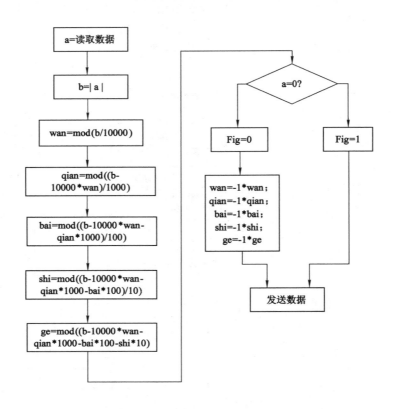

图 6-3　数据处理程序流程图

A/D 转换后的数据处理任务分配给上位机。上位机的运算速度要高于下位机,将 A/D 转换后的数据处理任务分配给上位机,能够减轻下位机的工作量,减少其程序指令条数,保证其一定的采样频率从而保证被检信号的特征信号的提取。

(3) 从机串口通信程序的编写

从机工作在串行口方式 2 下,SMOD＝1,波特率为晶振的 32 分频,图 6-4 所示为从机的串行传输数据流程图。

6.1.1.2　主机 1 的程序设计

从机发送过来的数据由主机 1 接收,并通过主机 1 的并行口 P1 传输到主机 2。主机 1 通过加标志位的方式来表达传上来的数据是哪个从机上传过来的以及该数据是哪个位段。因此主机 1 的程序主要有接收从机程序,数据设置程序以及并行口通信程序。

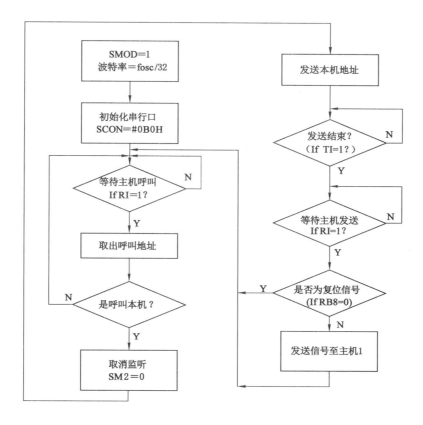

图 6-4　从机串行数据发送程序流程图

（1）接收从机数据的编写

主机 1 工作在串行口方式 2 下，SMOD＝1，波特率为晶振的 32 分频。接收数据前先要建立起数据传输的通道，具体方法为：

主机 1 首先发出一个从机地址给所有从机，之后所有从机收到主机 1 发来的地址信息后开始进行匹配，然后匹配上的从机会发送自身的地址给主机 1，主机 1 接收到匹配的地址信息后将该地址信息与之前发出的地址信息进行比对，如果一致就说明数据传输通道建立成功，主机 1 开始发送数据；如果不一致就说明数据传输通道建立失败，主机 1 发出复位信号。图 6-5 示出的是该流程的程序流程图。

（2）数据设置程序的编写

主机 1 对上传数据进行重新定义，对各数据的高八位定义如表 6-1 所示。

如表 6-1 所示，各数据的设定情况为：$D0$ 到 $D10$ 为数据位；$D11$ 和 $D12$ 用于标明数据的位段；$D13$ 和 $D14$ 为从机标示位；$D15$ 为符号位。

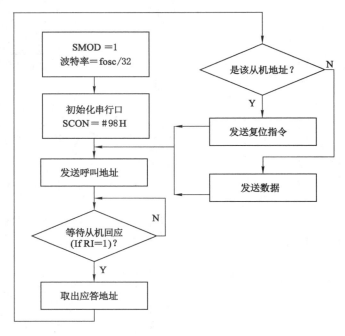

图 6-5　主机接收数据程序流程图

表 6-1　重新设置数据定义

数据位	D15	D14	D13	D12	D11	D10～D0
设置	符号位	从机标识1	从机标识2	数位标识1	数位标识2	数据位

（3）主机 1 并行口数据传送程序的编写

主机 1 经过并口 P1、P0 与主机 2 传输数据，并设定 P2.0、P2.1 为通信握手端口。当主机 1 要向主机 2 发送数据时 P2.0 置为 1，主机 2 同意接收数据时 P2.1 置为 1；当主机 2 将数据读完之后，置 P2.1 为 0，这就表明了数据读取完毕，程序流程图如图 6-6 所示。

6.1.1.3　主机 2 的程序设计

主机 2 的功能主要为接收主机 1 的数据，而且要把接收到的数据经串口发送到上位机。

（1）主机 2 接收并行口数据的程序编写

主机 1 通过 P0、P1 口与主机 2 进行数据传输，P2.0、P2.1 设置为数据通信的握手端口。图 6-7 所示为数据传输的程序流程图。

（2）主机 2 串行口发送数据程序的编写

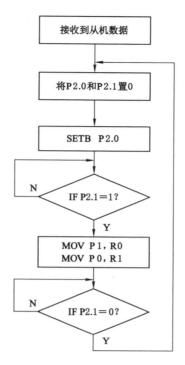

图 6-6　主机 1 发送数据程序流程图

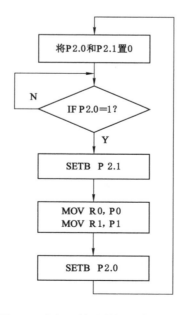

图 6-7　主机 2 接收数据程序流程图

主机 2 与上位机采用 RS-232 串行通信。该串行通信波特率为 9 600 bps，帧格式为一位起始位、八位数据位和一位停止位，无奇偶校验位，以中断方式进行通信。

串行口采用方式 1 发出数据，波特率加倍，则特殊功能寄存器 SCON 对应为 40H，PCON 对应为 80H；定时/计数器 1 工作于方式 2 下（自动重装初值的 8 位计数器），波特率为 9 600 bps，则特殊功能寄存器 TMOD 的初值为 20H，定时器初值为 F9H。图 6-8 所示为串行口数据发送程序流程图。

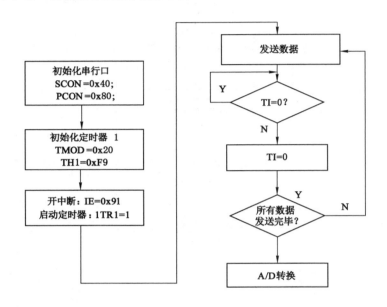

图 6-8　串行口数据发送程序流程图

6.1.2　故障电弧监测的上位机软件设计

上位机是以 LabWindows/CVI 为平台开发的监测系统。LabWindows/CVI 是一款面向测控领域的软件开发平台。它包含了众多的常见函数库，且这些函数库经过了严格的测试，具有高可靠性。采用调用函数库的方法来实现设计十分方便快捷[116]。

基于 LabWindows/CVI 平台开发的程序为消息驱动的 Windows 应用程序，通过调用消息对应的回调函数（callback function）进行响应，并可根据需要在回调函数里加入代码。软件开发是从设计面板（Panel）开始的，首先在面板上放置好需要的控件，并设置属性，然后编写控件的回调函数来响应操作面板上的消息。控件都应有唯一的名字（constant name）与其他控件相区别，控件可以没有回调函数，操作控件的对象是用户，也可以是程序本身[117]。

6.1.2.1　用户界面设计

首先运用 Panel 控件进行用户界面的设计,本系统一共设计三幅用户界面:即主界面、在线检测界面和数据分析界面。主界面为父界面,在线检测和数据分析界面为子界面,Panel 控件的属性设置如表 6-2 所示。

表 6-2　Panel 控件属性设置

Name	Function	Panel Title
P_jiemian	主界面	故障在线检测电弧系统
P_jiance	在线检测界面	故障电弧信号在线检测
P_fenxi	数据分析界面	电弧信号数据分析

（1）主界面的设计

主界面是故障电弧检测系统的门户,是进入其他界面的通道。图 6-9 所示为主界面效果图,其主要的功能有:系统启动、对检测点的巡检及结果显示、显示有故障电弧的检测点位置等信息、系统运行/退出等。

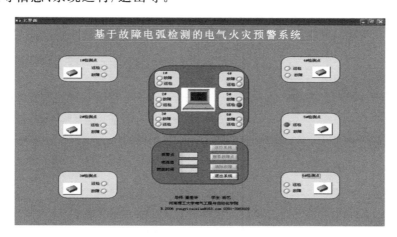

图 6-9　故障电弧检测系统主界面图

主界面主要应用了 Command button、Led、Text Massage、Picture Command button 等控件。其中 Led 控件的作用是显示各检测点的运行情况;当故障发生时,Text Massage 控件可以显示出发生故障的故障点位置、故障电弧电流的幅值以及电弧燃烧的时间等故障信息;Picture Command button 控件的作用是子控件切换;Command button 用于实现各指令功能,属性设定如表 6-3 所示。

表 6-3　Command button 控件属性设置

Name	Initially Dimmed	Callback Function	function
C_z_yunxing	On	F_z_yunxing	启动系统
C_z_chankan	Off	F_z_chankan	查看故障点信息
C_z_qingchu	Off	f_z_qingchu	清除系统故障
C_jm_tuichu	On	f_jm_tuichu	退出系统
P_z_1hao	On	f_z_1hao	进入 1# 检测点
…	…	…	…
P_z_6hao	On	f_z_6hao	进入 6# 检测点

（2）在线检测界面的设计

在线检测界面的主要任务是实时显示检测信息，主要包括各个检测点的电流波形、系统的采样频率、采样精度等；当发生故障电弧时，显示故障电弧相关的信息，比如故障点位置、电弧电流的幅值以及电弧燃烧的时间等等；画面切换、退出系统等。图 6-10 所示为在线检测界面效果图。

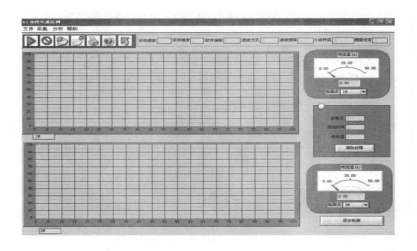

图 6-10　故障电弧检测系统在线检测界面

在线检测界面主要使用 Graph、Command button、Numeric、Led、Text Massage、Menu Bar 等控件。Graph 控件用来显示检测到的电流/电压波形；Text Massage 控件的作用是显示各检测点的信息；Menu Bar 控件是一个菜单控件，通过该控件在界面顶部创建了一个菜单栏。各控件属性的设定如表 6-4 所示。

表 6-4　在线检测界面控件属性的设置

Kinds	Name	Callback Function	function
Command button	C_jc_jiance	f_jc_jiance	开始实时检测
Command button	C_jc_fenxi	f_jc_fenxi	进入分析界面
Command button	C_jc_tuichu	f_jc_tuichu	退出检测界面进入主界面
Numeric	NUM_jc_dianhu	…	显示电弧燃烧半周期数
Numeric	NUM_jc_dianliu	…	显示电流有效值
Numeric	NU_jc_pinlv	…	调节采样频率
Numeric	NU_jc_jingdu	…	调节采样精度
Ring	R_jc_lbq	…	选择滤波器类型
Numeric	N_jc_lbpl	…	选择滤波器频率
Numeric	N_jc_zddl	…	整定过载电流
Graph1	G_jc1	…	显示 1、3、5 点的波形
Graph2	G_jc2	…	显示 2、4、6 点的波形

（3）数据分析界面设计

数据分析界面的主要功能是对检测数据的调用和分析,其中包括:调用检测点检测到的电流波形;显示系统分析时所采用的小波种类、滤波方式、阈值等;画面切换、系统运行/退出等。数据分析界面的效果图如图 6-11 所示。

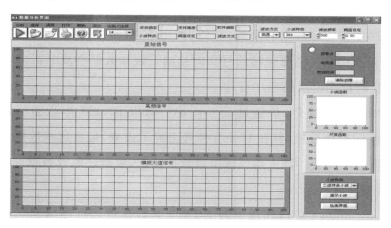

图 6-11　数据分析界面

数据分析界面所使用到的控件类同于在线分析界面,主要包括有 Graph、Command button、Numeric、Led、Text Massage、Menu Bar 等。Graph 控件用来显示调用的波形;与在线检测界面的使用方法一样,Text Massage 控件用来显示各个检测点的信息;同样的,Menu Bar 控件同样用来创建菜单栏,数据分析界面的控件属性设置见表 6-5。

表 6-5　数据分析界面控件属性的设置

kinds	Name	Callback Function	function
Led	LED_fx_dianhu	...	出现电弧报警
Led	LED_fx_dianliu	...	电流过载报警
Ring	R_fx_lbq	...	选择滤波器类型
Numeric	N_fx_lbpl	...	选择滤波器频率
Numeric	NUM_fx_dianhu	...	显示电弧燃烧半周期数
Numeric	NUM_fx_dianliu	...	显示电流有效值
Command button	C_fx_fenxi	f_fx_fenxi	进行数据分析
Command button	C_fx_diaoyong	f_fx_daoyong	调用数据
Command button	C_fx_tuichu	f_fx_tuichu	退出数据分析界面进入主界面
Graph	GRAPH_xinhao	...	显示调用信号
Graph	GRAPH_xijie	...	显示一次下拨变换的细节信息
Graph	GRAPH_jidazhi	...	显示细节模极大值信息

6.1.2.2　系统程序设计

由于 LabWindows/CVI 的特点，因此编制程序主要就是调用主程序 main 函数和各个子函数。用户界面设计好后，系统会根据所使用的控件等自动生成 main 函数以及各个控件的回调函数。只要在各个控件的回调函数中写上执行语句即可。

上位机程序主要完成数据的采集、存储、调用等，完成信号的小波变换以及完成对电流信号的奇异点检测。主要包括信号实时检测模块和数据小波分析模块。

（1）信号实时检测模块的程序设计

信号的实时检测是指 PC 机通过 COM1 串行口以 RS-232 串行通信协议读取下位机传输过来的实时检测数据，并在 Graph 控件上显示出来，且将这些数据命名为系统时间存储在 PC 机的硬盘上。其主要包括串口数据读取，数据还原及数据存储。

① 串口数据读取程序

可利用 Labwindows/CVI 所提供的 RS-232 函数库进行程序编制。首先打开一个串口并进行初始化配置，然后利用该串口完成数据的收发，在程序结束之前关闭该串口即可，该程序中需要使用的函数有：

（a）串口初始化设置函数，将参数进行设置：OpenComConfig（1，""，9600，0，8，1，512，512），参数设置的含义为：打开 COM1 口，波特率为 4 800，无奇偶校验位，每帧信息中的数据为 8 位，输入/输出队列都为 512。参数说明可参看技术手册。

（b）串行口响应回调函数，进行参数设置后为：InstallComCallback（1，LWRS_RX-

CHAR，0，0，ReceivedCallback，0）。

（c）串行口数据长度获取函数

int GetInQLen(COM_Port)

（d）读取串口输入数据函数

int ComRd(int COM_Port，char Buffer[]，int Count)

图 6-12 所示为串行口 COM1 的初始化程序流程图，图 6-13 所示为读取串行口数据程序流程图。

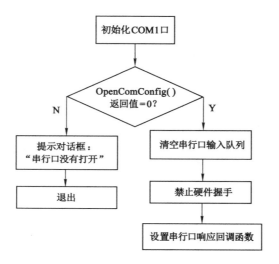

图 6-12　串行口 COM1 初始化程序流程图

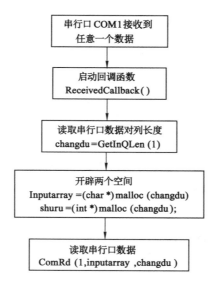

图 6-13　读串行口数据程序流程图

② 数据还原程序

由于串行口在进行数据传输时,下位机是按位段分别进行数值的传输的,所以对传送来的数据上位机需完成重组工作。系统的存储长度为 2 000 点,所以在数据存储前,先应完成所提取电流信号的真实值的还原。

（a）数据重组

系统设计一个标志字 flag,每接收一个数据 flag 加 1,用 flag 的值来表征接收来的数据是哪个位段。由于系统的存储长度为 2 000,所以当 flag 达到 2 000 时,清零并重新开始计数。数据重组程序流程图如图 6-14 所示。

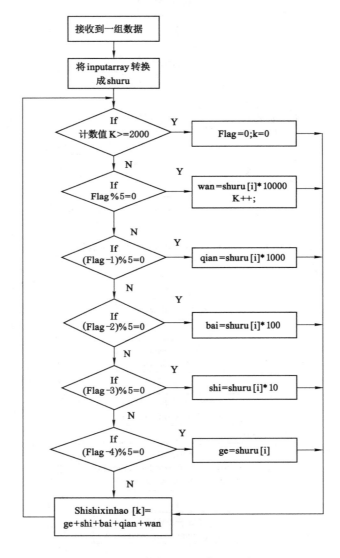

图 6-14　数据重组程序流程图

（b）数据还原

根据 AD976 的输出范围以及电流传感器的输入范围，式(6-1)为数据还原公式：

$$xinhao[i] = shishixinhao[i] * 40.0/65535.0 \qquad (6-1)$$

式中，shishixinhao[i]是图 6-14 中数据重组的结果，xinhao[i]是还原后的真实信号。

③ 数据存储

系统自动以系统时间为文件名保存数据，文件存储方式与计算机通常的文件存储方式类同。存储文件为二进制文件，可用文本文档打开。

获取系统时间的函数为：以数值形式获取系统日期的 GetSystemDate（int * month，int * day，int * year）和以数值形式获取系统时间的 GetSystemTime（int * hours，* int minutes，int * seconds）。

系统将每一个检测点信息存储为一行。每个采样点存储五个信息，第一列为采样点计数值，第二列为采样时间，第三列为检测电流值，第四列和第五列存储 0。

（2）数据小波分析模块的设计

数据分析是指在线检测数据分析和历史数据分析。系统根据情况和要求完成相应的数据分析，但数据分析均采用的是同一个分析子函数。

数据分析程序主要包括有数据预处理、数据小波变换、求小波系数模极大值等等。在历史数据分析中还包括调用历史数据的程序。

（a）数据预处理

数据预处理这里是指软件滤波。软件滤波要用到滤波器，LabWindows/CVI 提供多种滤波器：如巴特沃斯滤波器、凯赛窗滤波器、切比雪夫滤波器等，本系统选择巴特沃斯滤波器作为软件滤波器，Bw_LPF()为巴特沃斯低通滤波器、Bw_HPF()为巴特沃斯高通滤波器。对滤波器类型和滤波频率设计相应的控件以进行选择。在数据分析界面里，name 是"R_fx_lbq"的 Ring 控件用于选择滤波器的类型，滤波器的类型可分为三种：高通滤波器、低通滤波器和无须滤波，其返回值分别对应 1、2、0。name 为"R_fx_lb-pl"的 Numeric 型控制作为滤波频率的输入口，用于修改和确认滤波频率。因此，软件滤波的程序流程图如图 6-15 所示。图中 xinhao 表示被还原的串行口数据，out 表示软件滤波后的输出信号。

（b）数据的小波变换

本书采用的是正交二次样条二进小波对信号进行小波变换，提取第三次小波变换的细节信息进行分析与辨识。

在编程时设定一个参数 i 对信号和小波滤波器的卷积次数进行计数。当 i＞3 时就输出最后一次小波变换的高频系数。图 6-16 即为小波变换程序流程图。

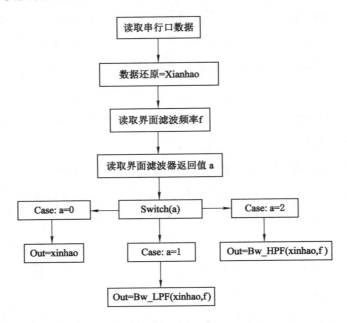

图 6-15　软件滤波程序流程图

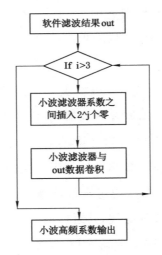

图 6-16　小波变换程序流程图

利用 LabWindows/CVI 中的卷积函数 Conolve（double x[]，int n，double y[]，int m，double cxy[]）完成小波的多孔算法，实现小波变换。

（c）求细节模极大值以及电弧燃烧半周期值

获取模极大值就是提取小波变换三次迭代后的最大值。电弧燃烧的半周期就是小波变换高频系数中，模极大值点之间满足间隔 100 ± 15 个采样点的距离。具体方法前面章节中已有非常详细的论述,这里不再繁述。

（d）求电流的有效值

电流的有效值 I_{av} 由式（6-2）可得:

$$I_{av} = 0.898 * I \tag{6-2}$$

因此将 2 000 个采样点的平均值乘以 0.898 即为电流有效值。使用 Mean（double x[], int n, double * meanval）函数可得平均值。电流有效值的程序流程图如图 6-17 所示。

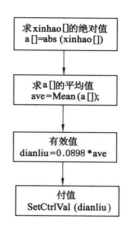

图 6-17　电流有效值程序流程图

（e）调用历史数据

利用 LabWindows/CVI 提供的信息弹出框函数 FileSelectPopup（）来实现历史函数的调用,利用 C 语言中的 fscanf（）来实现读取文件中的数据信息。

（f）小波函数和尺度函数演示程序的设计

采用 LabWindows/CVI 中的 Graph 控件来描述小波函数和尺度函数。

6.1.2.3　多线程技术在系统中的应用[118]

操作系统通过建立一个主线程来执行某个特定程序,同时在主线程之外再创建一个或一个以上的相对独立的次线程,这就是多线程的含义。多线程充分利用了多处理器的优点,缩短了程序运行的时间。

主线程和次线程的不同之处主要在于程序的执行位置。主线程通常用来执行主函数 main,次线程在何时开始执行由用户来设定。

（1）多线程机制的选择

在程序设计中一般使用主线程完成有关用户界面的操作,在此线程中运行其他。LabWindows/CVI 提供了两种次线程中运行操作的方法:线程池（thread pools）和异步定时器(asynchronoustimers)。

通过 CmtScheduleThreadPoolFunction 函数将要执行的函数名传递给线程池,则线程池就调度该函数使其在其中的一个线程中运行。线程池可创建一个新线程,或使用一个已经存在的空闲线程,或等待一个活动的空闲线程来执行需调度的函数。

通过函数 NewAsyncTimer 传递要执行的函数名给异步定时器,并设置每次函数执行的时间间隔。传递要执行的函数即为异步定时器回调(callback),toolslib 库在指定的每个时间间隔点对其进行调用。

(2) 多线程间的数据保护方法

由于系统中的全局变量、静态局部变量和动态分配的变量可以被程序中的所有线程访问,所以这些数据应被保护以避免被多个线程同时访问从而造成逻辑错误。Labwindows/CVI 提供了多种机制对数据进行保护。

函数参数和非静态局部变量不用保护,因为函数参数和非静态局部变量位于堆栈中,操作系统为每个线程分配了独立的堆栈,每个线程可获得自己的参数和非静态局部变量的拷贝,所以函数参数和非静态局部变量不用保护。

LabWindows/CVI 提供了三种保护数据的机制:线程锁(thread lock),线程安全变量(thread safe variables)和线程安全队列(thread safe queues)。

(3) 故障电弧监测系统的多线程设计

故障电弧监测系统在主线程之外还创建了信号检测、信号分析和数据调用三个次线程。图 6-18 所示为线程调用逻辑图。

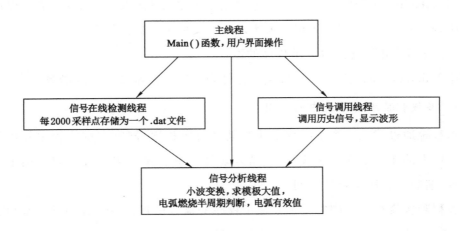

图 6-18 多线程调用逻辑图

本书采用线程池方式建立次线程。运用 CmtScheduleThreadPoolFunction( )函数建立三个次线程程序；在系统退出前，用 CmtWaitForThreadPoolFunctionCompletion（）等候各个次线程的强制结束，并通过 CmtReleaseThreadPoolFunctionID（）释放次线程所占据的资源。

由于主线程、信号检测次线程、信号调用次线程都可以调用信号分析次线程，所以需要对数据进行保护。将数据根据其特点分为两类：用于表示状态的参数和用于存储、传输提取数据的数据。根据这两类数据的特点分别选用线程安全变量和线程安全队列这两种方式对它们进行保护。

6.2　电气火灾报警功能的软件设计

电气火灾的报警功能的程序部分主要是数据融合的程序实现，另外也包括数据的基本处理与传输等。

6.2.1　主程序及通讯模块设计

6.2.1.1　主程序设计

主程序主要完成系统的初始化：如寄存器的初始化、中断优先级设置、GP10 的设置，开中断等等。中断服务程序主要包括：时钟芯片 PCF8563 的定时中断信号，收到该信号后读取时间，并将时间信息送到 z1g7290 相应寄存器中显示；定时器 0 中断，定时时间到时，与探测器通讯，每隔 50 ms 通讯一次；按键中断，执行按键处理程序；AID 转换中断，将转换后的数据进行预处理及传输。主程序流程图如图 6-19 所示。

6.2.1.2　信号采样模块程序设计

在 A/D 采样子程序中，数据采集模块主要是对多路传感器送出的信号进行采样，温度、烟雾、CO 浓度信号三通道模拟信号轮流采样一次，并把转换结果存入数组。通过设置通道选择寄存器的值就可判断采集的通道号。每一通道循环采样 3 次之后进行平均值滤波。A/D 采样程序流程图如图 6-20 所示。

6.2.1.3　串行通信模块程序设计

串行通信模块程序设计是指下位机与上位机之间的串行通信，有查询方式和中断方式可供选择，本系统采用中断方式。串口波特率为 115 200，8 位数据位，1 位停止位，1 位奇校验位。串口中断服务程序流程图如图 6-21 所示。

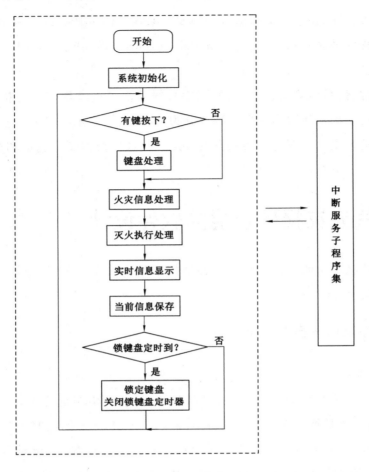

图 6-19 主程序流程图

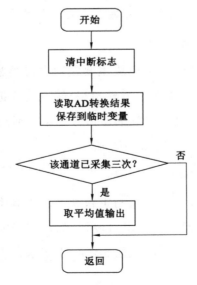

图 6-20 信号采样程序流程图

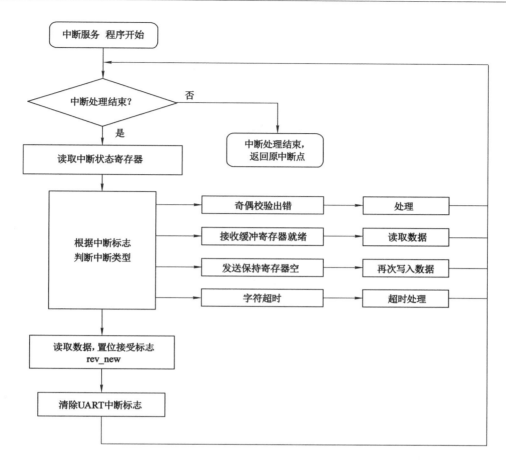

图 6-21　串口中断程序流程图

6.2.2　算法程序设计

第 4 章给出了信号处理算法分析。本系统算法采用信息融合理论,设计的融合结构为三层,即信息层、特征层及决策层。

程序运行时,首先采集电弧电流信号、温度探测信号、光电感烟探测信号和 CO 浓度探测信号,经预处理后送入信息融合的信息层。若温度、光电及 CO 浓度信号均小于报警线则返回;若这三个信号值均大于报警线则紧急启动火灾报警;若电弧信号被判断发生故障电弧,或这三个信号中有一个及以上的信号大于报警线,则进入特征层进行融合;若在特征层能够得到准确的辨识结果则不必进入决策层而直接输出结果,若在特征层不能得出准确的辨识结果则进入决策层进行最终的火灾辨识。图 6-22 所示为算法处理的主程序流程图。

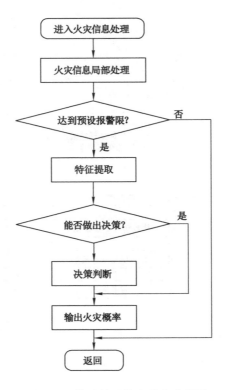

图 6-22　算法处理的主程序流程图

6.2.2.1　信息层预处理算法实现

通过检测信号的变化速率是否持续超过一定的数值来判别火情。具体方法为:设采样信号原始序列为 $X(n)$,则令:

$$Y_n = \sum_{n=1}^{N}(X_n - X_{n-1}) \tag{6-3}$$

如果 $Y_n > Y_{设定阈值}$,则 $a_i = 1$;否则 $a_i = 0$ 不变,$i = 1, 2, 3$ 分别代表温度、烟雾和 CO 浓度。

依次对温度、烟雾和 CO 浓度数据进行如上处理后,$A = a_1 \cup a_2 \cup a_3$,如果 $A = 1$,则表示温度、烟雾或 CO 浓度中有至少一种出现非平稳变化,则将该组数据送入特征层进行下一步的判断。

6.2.2.2　特征层的算法实现

参考第 4 章的分析,设计了神经网络融合器和模糊逻辑融合器相并联的方式实现特征层。

(1) 神经网络融合器的算法实现

采用 BP 神经网络对传送的信息进行处理,其算法的具体实现为:

① 给所建的神经网络的所有权值和阈值进行初始化,给阈值设定初值,给权值设定任意小值;

② 对网络进行训练,即网络的学习过程。将一组数据样本(其输入 X,期望输出 Y)的输入送入神经网络,经过神经网络处理后得到实际输出 y;

③ 根据误差反向传播算法,按式(6-4)调整权值:

$$W_{ij}(t+1) = W_{ij}(t) + \eta \delta_j y_i \tag{6-4}$$

式中　η—— 大于零的增益;

　　　δ_j—— 节点 j 的误差。

根据节点 j 的不同的形式,采用式(6-6)分别计算 δ_j:

$$\delta_j = \begin{cases} y_j(1-y_j)(\bar{y_j} - y) \\ y_j(1-y_j)\sum_k \delta_k W_{jk} \end{cases} \tag{6-5}$$

④ 返回步骤②继续训练网络,直到误差满足要求为止。

图 6-23 所示为神经网络算法流程图。由图中可知,若在线训练神经网络,将会消耗大量时间,所以选择离线训练神经网络。即在 MATLAB 上对输入输出样本进行训练,训练后的权值和阈值矩阵直接存入 CPU 中,将输入数据通过公式得出神经网络的输出值。

(2) 模糊逻辑融合器的算法实现

模糊逻辑融合器程序一般包括离线计算模糊规则查询表的程序和输入数据的模糊逻辑运算。

由于计算量大,可通过 MATLAB 的仿真得到模糊控制表,然后将该表存储到 CPU 中,在线处理数据时,将传送过来的数据通过查表的方式直接找到所对应的火灾概率,图 6-24 所示为模糊逻辑算法流程图。

在特征层将传送过来的数据进行融合得到火灾概率 P_1 和 P_2,若能进行正确判断(即 P_1、P_2 均大于 0.5 或均小于 0.5)则直接输出辨识结果;若不能(即 P_1、P_2 一个大于 0.5 而另一个小于 0.5)则将 P_1、P_2 送入决策层进行最终的火灾辨识。

6.2.2.3　决策层的算法实现

决策层采用模糊推理实现。将特征层得出的火灾概率 P_1、P_2 送入决策层,并启动第三参量火灾信号持续时间 T 进行决策层融合。模糊推理的算法实现与特征层的模糊逻辑融合器类同,这里不再繁述,只是在指定模糊规则时由于火灾信号持续时间 T 的定义,使得一些规则为空,应引起注意。

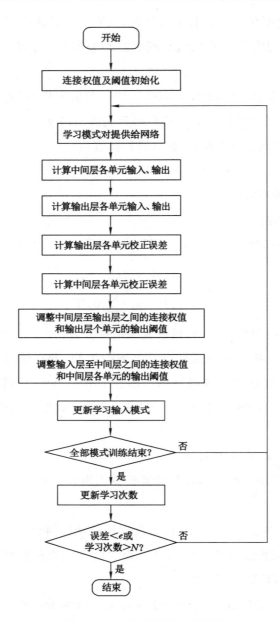

图 6-23 神经网络算法流程图

决策层的输出为最终的融合结果。得到的火灾概率≥0.5,判断火灾发生,启动报警;<0.5,判断无火灾,返回。

程序源代码参见附录五。

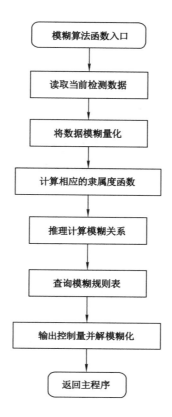

图 6-24　模糊逻辑算法流程图

6.3　本章小结

本章进行了电气火灾预报警系统的软件设计。软件设计同样以模块化设计为原则。设计了系统主程序，上下位机、主从机之间的通信程序、A/D 转换程序等；以 Lab-Windows/CVI 为平台完成了上位机监控功能的设计，完成了各个画面的设计，完成了算法的设计。

第7章 总结与展望

由于近年来电气引发的火灾一直位居火灾各类原因统计数据的首位,且损失惨重的重特大火灾往往也由电气火灾引发,因此电气火灾已经成为影响我国社会消防安全的主要致灾因素。基于以上原因,提出了"电气火灾的检测与预报警",进行了本书的研究工作。

为了实现对电气火灾的检测从而实现电气火灾的预警和报警,本书在对电气火灾产生机理的深入剖析的基础上,提出了电气火灾检测的新思路,并设计完成了电气火灾预报警系统,目前该系统产品已经过了数家应用单位的试用,整个试用期间实现了对故障电弧的排查,实现了对电气火灾早期的预报警。实用证明该设计思路新颖正确,系统准确可靠,较好地实现了电气火灾的预防,弥补了目前我国火灾消防报警系统在这一领域上的空白。

本书的研究成果主要体现在以下几个方面:

(1) 发现并提出了故障电弧燃烧的"零休现象"。由于故障电弧是电气火灾的主要引发原因,而目前我国的消防系统对其的检测没有很好的办法,为了找到有效检测故障电弧的方法,搭建了交流故障电弧模拟实验台,对电弧的燃烧特性进行了理论与实验研究,研究发现交流电弧在燃烧过程中有明显的"零休现象"。这一故障电弧燃烧的特有现象,给故障电弧的检测指明了方向。

(2) 提出了基于小波奇异性分析的故障电弧检测新算法。针对"零休现象",运用小波函数进行奇异性分析。构造了正交二次样条小波为小波函数,利用多孔算法的二进小波变换实现了快速小波变换算法。故障电弧周期零休的特征信息用小波分析时表现为周期性的奇异点,因此提出了周期性奇异点检测故障电弧的新算法,并分析了该故障电弧检测算法的可行性和有效性。

(3) 提出了多传感器信息融合的电气火灾信号处理方法。构造了电气火灾信息融合的结构模型,并对每一层的融合提出了实现方法。为了保证系统对电气火灾辨识的准确性,运用我国标准火数据以及典型干扰数据,在 MatLab 环境下对系统进行了实验仿真,仿真结果表明,该融合模型能够很好地完成电气火灾的快速准确报警,有效地避免了电气火灾的误报和漏报率。

(4)完成了基于故障电弧和多信息融合的电气火灾预报警系统的系统设计。采用集散控制理念来完成设计。整个系统分为上下位机,下位机主要完成信号的采集、预处理以及传输;上位机主要完成各种信号处理算法的实现、存储以及监控系统画面的实现。

(5)系统实现。通过系统硬件电路及软件程序的设计,经过大量反复试验、调试、运行;研发出了"电气火灾预报警系统"。本系统产品在焦作市美雅图度假村有限公司下属超市、禹州市开元中州国际饭店有限公司等单位进行了推广使用,目前已经形成产品在河南理工大学电子厂批量投入生产,创造了一定的经济效益和社会效益。

尽管经过作者多年的潜心研究,该研究取得了阶段性的成果,但是在研究过程中也发现了一些不足之处,以及有待进一步研究的地方:

(1)故障电弧在信息融合中的作用

本系统认为:故障电弧信号的发生超前于火焰燃烧的发生,因此故障电弧信号的检测可用来实现电气火灾的预警。所以在本系统设计中,故障电弧信号在多信息融合结构中只是启动融合开始的作用。并没有真正进入融合系统与其他参量融合。但是是否能够将故障电弧信号也作为融合的一个参量参与融合,参与融合是否会降低电气火灾报警功能的快速性,这方面的工作还有待于开展进一步的研究与探讨。

(2)外界因素对系统的影响

电气火灾探测是一种特殊形式的信号检测,是非结构性问题。本系统即使设计了多信息融合的结构模型,并采用了目前比较先进的神经网络和模糊逻辑算法,但仍有许多不足,因为火灾的学习样本很难收集和复现,另外在制定模糊规则上还应推敲,所以本系统所构造的融合模型也并不是通用的电气火灾模型。

(3)新技术、新方法的引入

对于故障电弧、电气火灾的检测方法的研究,本书做了一定的探索工作。随着传感器技术、计算机技术、数据处理技术、人工智能技术、网络通信技术、并行计算的软件和硬件技术等相关技术的发展,电气火灾监测技术在火灾的准确识别、新型探测技术比如激光探测技术的加入等方面以及电气火灾探测技术与自动化、现代通信技术、智能大厦技术的进一步结合,使得电气火灾探测系统更趋自动化、开放性和模块化等方面都将会有更进一步的发展。

附　　录

附录一　神经网络训练的样本数据(100 组)

火情类别	序号	原始数据			归一化后的对应数据			期望输出（火灾概率）
		温度	烟雾	CO 浓度	温度	烟雾	CO 浓度	
标准明火	1	200	60	20	1	0.094 3	0	0.753
	2	195	58	22	0.961 5	0.086 8	0.017 4	0.758
	3	195	60	25	0.961 5	0.094 3	0.043 5	0.764
	4	195	59	28	0.961 5	0.090 6	0.069 6	0.767
	5	180	55	55	0.846 2	0.075 5	0.304 3	0.769
	6	190	50	60	0.923 1	0.056 6	0.347 8	0.772
	7	188	62	67	0.907 7	0.101 9	0.408 7	0.793
	8	190	65	70	0.923 1	0.113 2	0.434 8	0.801
	9	185	50	60	0.884 6	0.056 6	0.347 8	0.736
	10	187	55	80	0.9	0.075 5	0.521 7	0.784
	11	190	50	85	0.923 1	0.056 6	0.565 2	0.799
	12	185	55	85	0.884 6	0.075 5	0.565 2	0.785
	13	180	57	82	0.846 2	0.083	0.539 1	0.787
	14	182	50	80	0.861 5	0.056 6	0.521 7	0.792
	15	179	60	90	0.838 5	0.094 3	0.608 7	0.803
	16	180	40	90	0.846 2	0.018 9	0.608 7	0.795
	17	190	50	95	0.923 1	0.056 6	0.652 2	0.805
	18	200	60	100	1	0.094 3	0.695 7	0.822
	19	195	55	105	0.961 5	0.075 5	0.739 1	0.809
	20	190	70	110	0.923 1	0.132 1	0.782 6	0.824
	21	180	55	110	0.846 2	0.075 5	0.782 6	0.811
	22	185	70	115	0.884 6	0.132 1	0.826 1	0.835
	23	180	65	125	0.846 2	0.113 2	0.913	0.839
	24	180	60	135	0.846 2	0.094 3	1	0.841

火情类别	序号	原始数据			归一化后的对应数据			期望输出（火灾概率）
		温度	烟雾	CO 浓度	温度	烟雾	CO 浓度	
标准明火	25	180	60	110	0.846 2	0.094 3	0.782 6	0.816
	26	182	60	100	0.861 5	0.094 3	0.695 7	0.813
	27	175	60	70	0.807 7	0.094 3	0.434 8	0.802
	28	180	65	65	0.846 2	0.113 2	0.391 3	0.796
	29	180	70	50	0.846 2	0.132 1	0.260 9	0.713
	30	170	67	67	0.769 2	0.120 8	0.408 7	0.728
	31	175	58	80	0.807 7	0.086 8	0.521 7	0.739
	32	180	70	70	0.846 2	0.132 1	0.434 8	0.805
	33	190	95	72	0.923 1	0.226 4	0.452 2	0.817
	34	190	110	80	0.923 1	0.283	0.521 7	0.834
	35	195	95	70	0.961 5	0.226 4	0.434 8	0.802
	36	180	105	90	0.846 2	0.264 2	0.608 7	0.84
	37	185	135	69	0.884 6	0.377 4	0.426 1	0.852
	38	190	165	90	0.923 1	0.490 6	0.608 7	0.855
	39	190	190	91	0.923 1	0.584 9	0.617 4	0.883
	40	195	230	95	0.961 5	0.735 8	0.652 2	0.905
标准阴燃火	41	80	45	45	0.076 9	0.037 7	0.217 4	0.653
	42	80	35	55	0.076 9	0	0.304 3	0.679
	43	85	40	60	0.115 4	0.018 9	0.347 8	0.683
	44	90	38	70	0.153 8	0.011 3	0.434 8	0.691
	45	95	40	60	0.192 3	0.018 9	0.347 8	0.696
	46	100	40	58	0.230 8	0.018 9	0.330 4	0.699
	47	80	40	62	0.076 9	0.018 9	0.365 2	0.697
	48	80	46	70	0.076 9	0.041 5	0.434 8	0.705
	49	90	50	65	0.153 8	0.056 6	0.391 3	0.711
	50	100	55	70	0.230 8	0.075 5	0.434 8	0.718
	51	102	50	60	0.246 2	0.056 6	0.347 8	0.72
	52	105	55	70	0.269 2	0.075 5	0.434 8	0.725
	53	100	70	70	0.230 8	0.132 1	0.434 8	0.731
	54	101	100	75	0.238 5	0.245 3	0.478 3	0.738
	55	100	125	80	0.230 8	0.339 6	0.521 7	0.739
	56	100	130	80	0.230 8	0.358 5	0.521 7	0.745
	57	100	140	80	0.230 8	0.396 2	0.521 7	0.787
	58	100	152	80	0.230 8	0.441 5	0.521 7	0.794
	59	100	169	80	0.230 8	0.505 7	0.521 7	0.823

火情类别	序号	原始数据			归一化后的对应数据			期望输出（火灾概率）
		温度	烟雾	CO 浓度	温度	烟雾	CO 浓度	
标准阴燃火	60	100	175	80	0.230 8	0.528 3	0.521 7	0.833
	61	100	180	80	0.230 8	0.547 2	0.521 7	0.852
	62	100	193	80	0.230 8	0.596 2	0.521 7	0.858
	63	100	215	80	0.230 8	0.679 2	0.521 7	0.861
	64	100	250	70	0.230 8	0.811 3	0.434 8	0.889
	65	100	224	70	0.230 8	0.713 2	0.434 8	0.856
	66	100	230	70	0.230 8	0.735 8	0.434 8	0.869
	67	100	247	70	0.230 8	0.8	0.434 8	0.881
	68	100	228	70	0.230 8	0.728 3	0.434 8	0.879
	69	100	100	50	0.230 8	0.245 3	0.260 9	0.765
	70	100	70	40	0.230 8	0.132 1	0.173 9	0.733
典型干扰	71	70	100	40	0	0.245 3	0.173 9	0.266
	72	72	105	45	0.015 4	0.264 2	0.217 4	0.255
	73	75	120	40	0.038 5	0.320 8	0.173 9	0.273
	74	80	140	55	0.076 9	0.396 2	0.304 3	0.285
	75	90	160	45	0.153 8	0.471 7	0.217 4	0.309
	76	115	280	50	0.346 2	0.924 5	0.260 9	0.402
	77	120	251	48	0.384 6	0.815 1	0.243 5	0.398
	78	110	242	50	0.307 7	0.781 1	0.260 9	0.361
	79	112	230	52	0.323 1	0.735 8	0.278 3	0.348
	80	130	130	50	0.461 5	0.358 5	0.260 9	0.315
	81	140	65	51	0.538 5	0.113 2	0.269 6	0.333
	82	127	58	58	0.438 5	0.086 8	0.330 4	0.326
	83	120	40	50	0.384 6	0.018 9	0.260 9	0.314
	84	118	45	45	0.369 2	0.037 7	0.217 4	0.289
	85	85	45	45	0.115 4	0.037 7	0.217 4	0.173
	86	100	70	62	0.230 8	0.132 1	0.365 2	0.195
	87	110	50	55	0.307 7	0.056 6	0.304 3	0.208
	88	113	42	51	0.330 8	0.026 4	0.269 6	0.223
	89	125	216	50	0.423 1	0.683	0.260 9	0.211
	90	115	115	65	0.346 2	0.301 9	0.391 3	0.269
	91	150	240	40	0.615 4	0.773 6	0.173 9	0.341
	92	150	210	41	0.615 4	0.660 4	0.182 6	0.344
	93	152	248	43	0.630 8	0.803 8	0.2	0.342
	94	170	300	45	0.769 2	1	0.217 4	0.347

火情类别	序号	原始数据			归一化后的对应数据			期望输出（火灾概率）
		温度	烟雾	CO浓度	温度	烟雾	CO浓度	
典型干扰	95	170	220	47	0.769 2	0.698 1	0.234 8	0.345
	96	171	170	40	0.776 9	0.509 4	0.173 9	0.331
	97	175	80	55	0.807 7	0.169 8	0.304 3	0.329
	98	155	60	60	0.653 8	0.094 3	0.347 8	0.317
	99	150	50	62	0.615 4	0.056 6	0.365 2	0.288
	100	145	45	60	0.576 9	0.037 7	0.347 8	0.207

附录二　特征层模糊逻辑规则(64条)

序号	温度	烟雾	CO浓度	火情概率	序号	温度	烟雾	CO浓度	火情概率	序号	温度	烟雾	CO浓度	火情概率
1	ZO	ZO	ZO	ZO	23	PM	PS	PS	PM	45	ZO	PB	PM	PM
2	PS	ZO	ZO	PS	24	PB	PS	PS	PB	46	PS	PB	PM	PM
3	PM	ZO	ZO	PM	25	ZO	PM	PS	PS	47	PM	PB	PM	PB
4	PB	ZO	ZO	PM	26	PS	PM	PS	PM	48	PB	PB	PM	PB
5	ZO	PS	ZO	PS	27	PM	PM	PS	PB	49	ZO	ZO	PB	PS
6	PS	PS	ZO	PS	28	PB	PM	PS	PB	50	PS	ZO	PB	PS
7	PM	PS	ZO	PM	29	ZO	PB	PS	PM	51	PM	ZO	PB	PM
8	PB	PS	ZO	PB	30	PS	PB	PS	PM	52	PB	ZO	PB	PM
9	ZO	PM	ZO	PS	31	PM	PB	PS	PB	53	ZO	PS	PB	PS
10	PS	PM	ZO	PM	32	PB	PB	PS	PB	54	PS	PS	PB	PM
11	PM	PM	ZO	PM	33	ZO	ZO	PM	PS	55	PM	PS	PB	PB
12	PB	PM	ZO	PB	34	PS	ZO	PM	PS	56	PB	PS	PB	PB
13	ZO	PB	ZO	PM	35	PM	ZO	PM	PM	57	ZO	PM	PB	PM
14	PS	PB	ZO	PM	36	PB	ZO	PM	PB	58	PS	PM	PB	PM
15	PM	PB	ZO	PB	37	ZO	PS	PM	PS	59	PM	PM	PB	PB
16	PB	PB	ZO	PB	38	PS	PS	PM	PS	60	PB	PM	PB	PB
17	ZO	ZO	PS	ZO	39	PM	PS	PM	PM	61	ZO	PB	PB	PM
18	PS	ZO	PS	PS	40	PB	PS	PM	PB	62	PS	PB	PB	PB
19	PM	ZO	PS	PM	41	ZO	PM	PM	PM	63	PM	PB	PB	PB
20	PB	ZO	PS	PB	42	PS	PM	PM	PM	64	PB	PB	PB	PB
21	ZO	PS	PS	PS	43	PM	PM	PM	PB					
22	PS	PS	PS	PS	44	PB	PM	PM	PB					

附录三　决策层模糊逻辑规则(17条)

序号	神经网络融合器输出(P1)	模糊逻辑融合器输出(P2)	持续时间(T)	火灾概率(U)	序号	神经网络融合器输出(P1)	模糊逻辑融合器输出(P2)	持续时间(T)	火灾概率(U)
1	PS	PS	PS	PS	10	PB	PM	PS	PM
2	PM	PS	PS	PS	11	PB	PM	PB	PB
3	PM	PS	PB	PM	12	PS	PB	PS	PM
4	PB	PS	PS	PM	13	PS	PB	PB	PM
5	PB	PS	PB	PB	14	PM	PB	PS	PM
6	PS	PM	PS	PS	15	PM	PB	PB	PB
7	PS	PM	PB	PM	16	PB	PB	PS	PM
8	PM	PM	PS	PM	17	PB	PB	PB	PB
9	PM	PM	PB	PB					

附录四　程序源代码

(1) 从机程序：

```
ORG 0000H
AJMP START
ORG  0003H
LJMP READ
START：MOV  SCON，#0B0H
MOV  0A6H，#01EH；
MOV  0A6H，#0E1H；
CLR  P2.0
CLR  P2.1
CLR  P3.2
CLR  20H.0
END
READ：JB
```

```
SETB  P2.1
SETB  P2.2
MOV   A,P1
MOV   R1,A
CLR   P2.2
MOV   A , P1
MOV   R2,A;
SR1: JBC RI,SR2
SJMP SR1
SR2: MOV A,SBUF
XRL A,#01H
JNZ SR1
CLR SM2
MOV   SBUF,#01H
WBT1:JBC TI,SR3
SJMP WBT1
SR3: JBC TI,SR4
SJMP SR3
SR4: JNB RB8,BTT
SETB SM2
SJMP SR1
SETB P2.3
BBT: MOV SBUF, R1
AA: JNB TI,AA
CLR TI
MOV SBUF,R2;
BB: JNB TI,BB
CLR TI
SETB 20H.0
CLR P2.3
RETI
```

（2）主机 1 程序：

```
ORG 0000H
MOV SCON，#98H
MOV R0,#01H
CLR P2.0
CLR P2.1
MA1：MOV SBUF ,R0
WAIT1:JBC TI,WAIT2
SJMP WAIT2
MR1:MOV A,SBUF
XRL A, R0
JZ ATT
ERR：MOV SBUF，#00H
WAIT3:JBC TI,ERR1
SJMP MA1
TT:CLR, TB8
MOV A, SBUF
AA:JNB RI,AA
CLR RI
MOV 20H,A
BB:MOV A,SBUF
CLR RI
MOV 21H,A
MOV DPL,20H
MOV DPH,21H
RR DPTR
MOV 20H,DPL
MOV 21H,DPH
MOV A,R0
RR A
RR A
```

RR A

RR A

RR A

MOV R5,A

MOV A,21H

ORL A，R5

MOV 21H，A

SETB P2.0

WW:JNB P2.1,WW

MOV P0，20H

MOV P1,21H

SETB P2.0

NN:JNB P2.1,NN

INC R0

MOV A，R0

CJNE A,♯7,KK

LJMP MA1

KK：MOV R0,♯06H

LJMP MA1

END

（3）主机 2 程序：

```
#include <reg51.h>
#include <stdio.h>
void send( unsigned char s)
{
SBUF=s;
while(TI==0)
;
TI=0;
return;
}
```

```
main()
{
int shu1,shu2,temp,i,bai,shi;
SCON=0x40;
PCON|=0x80;
TMOD|=0x20;
TH1=0xF2;
IE|=0x90;
TR1=1;
loop:
p2.0=0;
p2.1=0;
loop1:if(p2.0=1)
p2.1=1;
else
goto loop1;
shu1=p0;
shu2=p1;
p2.1=0
{
bai=i/100;
if(bai>0)
{
send((char)bai);
temp=i%100;
send((char)(temp/10));
send((char)(temp%10));
    }
    else
{
 shi=i/10;
```

```
if(shi>0)
{
send((char)0);
send((char)(i/10));
send((char)(i%10));
}
    else
{
send((char)0);
    send((char)0);
send((char)i);
}
    }
}
goto loop;
}
```

（4）上位机数据分析程序

```
void fenxi() //分析数据的函数//
{
static double a1[2000],b1[2000],yuzhi[2000];
double mojidazhi[2000],xijie[2300],max,min,c[2000],yz,kaishi[1000],ranhou
[1000];
double g_0[6]={-0.0086267,-0.122895,-0.819961,0.819961,0.122895,
0.0086267};
double x1[1000],x2[1000],x3[1000],x4[1000];
int i,j,k,imax,imin,juli[20000];
int pl,lbq,geshu;
double fenxi_yuzhi;
SetCtrlVal (pfenxi, P_fenxi_txt_fenxi_caigyangpl, "10kHz");
SetCtrlVal (pfenxi, P_fenxi_txt_fenxi_lvbopinlv, "二进样条小波");
SetCtrlVal (pfenxi, P_fenxi_Txt_fenxi_caiyangjd, "10A");
```

```
SetCtrlVal（pfenxi，P_fenxi_txt_fenxi_yuzhi，"0"）；

SetCtrlVal（pfenxi，P_fenxi_txt_fenxi_ruanjianpy，"0"）；

SetCtrlVal（pfenxi，P_fenxi_Txt_fenxi_lvbofangshi，"低通"）；

GetCtrlVal（pfenxi，P_fenxi_R_fenxi_lvbofangshi，&lbq）；

GetCtrlVal（pfenxi，P_fenxi_NUM_lvbopl，&pl）；

GetCtrlVal（pfenxi，P_fenxi_NUM_yuzhi，&fenxi_yuzhi）；

SetCtrlVal（pfenxi，P_fenxi_LED_dianhubaojing，0）；  //指示报警//

switch(lbq)

{

case 0：

Copy1D(arc1,2000,c)；

break；

case 1：

Bw_LPF(arc1,2000,10000,pl,5,c)；

break；

case 2：

Bw_HPF(arc1,2000,10000,pl,5,c)；

break；

}

Convolve(c,2000,g_0,6,xijie)；//一次小波分解,求其细节信号//

    if(plot_fenxi_gp>0)

    {

            DeleteGraphPlot（pfenxi，P_fenxi_GRAPH_fenxi_gaoping，plot_fenxi
_gp，

    VAL_IMMEDIATE_DRAW）；

            plot_fenxi_gp=0；

    }

    for(i=0;i<1000;i++)

    {

        x1[i]=arct[i+1000]；

        x2[i]=xijie[i+1000]；
```

```
        }
    plot_fenxi_gp=PlotXY (pfenxi, P_fenxi_GRAPH_fenxi_gaoping, x1, x2, 1000,
VAL_DOUBLE, VAL_DOUBLE, VAL_THIN_LINE, VAL_EMPTY_SQUARE,
VAL_SOLID, 1, VAL_RED);
    Abs1D(xijie,2000,mojidazhi);
    MaxMin1D(mojidazhi,2000,&max,&imax,&min,&imin);
      yz=0.5 * max;
    for(j=0;j<3;j++)
    {
      k=0;
          for(i=1;i<1999;i++)
    {
      if(mojidazhi[i-1]<mojidazhi[i]&&mojidazhi[i]>mojidazhi[i+1])
        if(mojidazhi[i]>yz)
    {
        yuzhi[i]=xijie[i];
            a1[k]=xijie[i];
        k++;
    }
    else
        yuzhi[i]=0;
          else
        yuzhi[i]=0;
    }
      if(k>2)
    {
            Abs1D(a1,k,b1);
            MaxMin1D(b1,k-1,&max,&imax,&min,&imin);
            yz=0.75 * min;
    }
    }
```

```
//获取首个不为 0 的数//
k=0;
  for(i=1;i<1999;i++)
  if(yuzhi[i]! =0)
  {
    juli[k]=i;
k++;
  }
geshu=0 ;
  if(k>2)
  {
        for(i=1;i<k-1;i++)
{
  min=juli[i]-juli[i-1];
    if(min>65&&min<135)
   ++geshu;
  if(175<min&&min<220)
  {
   ++geshu;
      ++geshu;
  }
 }
  //SetCtrlVal (pfenxi, P_fenxi_txt_fenxi_rs_shijian, geshu);
  if(geshu>4)
SetCtrlVal (pfenxi, P_fenxi_LED_dianhubaojing,1);  //指示报警//
    for(i=0;i<1000;i++)
ranhou[i]=4 * c[i+1000];
    Abs1D(ranhou,1000,kaishi);
    Mean(kaishi,1000,&min);
    max=min/0.898;
        }
```

```
    if(plot_fenxi_mjdz>0)
  {
        DeleteGraphPlot（pfenxi，P_fenxi_GRAPH_fenxi_mojidazhi，plot_fenxi_
mjdz，VAL_IMMEDIATE_DRAW）;
    plot_fenxi_mjdz=0;
      }
    for(i=0;i<1000;i++)
    {
      x1[i]=arct[i+1000];
      x3[i]=yuzhi[i+1000];
    }
    plot_fenxi_mjdz = PlotXY（pfenxi，P_fenxi_GRAPH_fenxi_mojidazhi，x1，
x3，1000，
    VAL_DOUBLE，VAL_DOUBLE，VAL_THIN_LINE，VAL_EMPTY_
SQUARE，
    VAL_SOLID，1，VAL_RED）;
  }
```

（5）数据传输等程序

```
void smbus_send（Uchar chip_select,byte_address,write_num）
{
while(sm_busy);                    //等待 SMBus 空闲
sm_busy=1;                        //占用 SMBus 总线
write_start_num=0;
slave_add=chip_select;           //Chip select+WRITE
iic_ram add=byte_address;        // PCF8563 的寄存器地址
iic_send_len=write_num;          //写 PCF8563 字节数
STA=1;          // SMBus 主方式,硬件产生一个起始条件,开始传送
while（sm_busy）;
}
void smbus(void) interrupt 7 using 2      //SMBUS 中断服务程序
{
```

```
watch＝SMB0STA;                          //状态码送入 watch
switch（watch）                          //SMBUS 状态寄存器 SMB0STA
{                                        //iic_error_fag＝1 说明 SMBus 有问题
    case 0x08:                           //主发送/接收:起始条件已发出.
            STA＝0;iic_error_fag＝0;AA＝1;   //人工清除起始位 STA
            iic_receive_count＝0;iic send count＝0;
            SMB0DAT＝slave_add;           //从地址＋读/写标志送 SMB0DAT
            break;


case 0x10:                               //主发送/接收:重复起始条件已发出。
STA＝0;AA＝1;                             //人工清除起始位 STA
SMB0DAT＝slave_add;                      //从地址＋读/写标志送 SMB0DAT
receive_len＝iic_receive_len＋iic_receive_count;
send_len＝iic send_len＋iic_send_count;
receive_count＝0;iic send_count＝0;
break;
case 0x18:              //主发送器:从地址＋写标志已发出,收到 ACK
        SMB0DAT＝iic_ram_add;
        write_start_num＝0;//将要发送的数据装入 SMB0DAT.
          break;


        case 0x20:        //主发送器:从地址＋写标志已发出,收到 NACK
                write_start_num＋＋;
                if(write_ start_num＞5)
{STO＝1;smes_busy＝0;iic_error_flag＝1; }//如果超过 5 次不成功则释放总线
                else
                    {STO＝1;STA＝1;} //确认查询重复,置位 STO＋STA。
                break;
case 0x28:
    //数据字节已发出,收到 ACK,将下一字节装入 SMB0DAT ;
        switch(iic_send_len)
```

```
{case 0x00：
            STO=1；
            sm_busy=0；    //如果数据已经发送结束则释放总线
        break；
        default：
      SMB0DAT=iic_write_buf[iic_ send_count++];iic_ send_len——；
        break；
    }
break；


        case 0x30：    //主发送器:数据字节已发出,收到 NACK,
            write_start_num++；
            if(write_ start_num>5)
{STO=1;sm_busy=O;iic_error_flag=1;}//如果超过 5 次不成功则释放总线
            else
            {STO=1;STA=1;} //重试传输或置位 STO
break；


        case 0x38：                //主发送器:竞争失败,保存当前数据
                write_start_num++；
  if(write_start num>5)
{STO=1;sm_busy=O;iic_error_flag=1;} //如果超过 5 次不成功则释放总线
            else
{STO=1;STA=1;}
    break；
void config()
{                            //看门狗禁止
  WDTCN = 0x07；
  WDTCN = 0xDE；
  WDTCN = 0xAD；
  SFRPAGE = 0x0F；
```

```
//交叉开关配置,SMBUS 配置到 P0.0 和 P0.1 上
    XBR0 = 0x01;
    XBR1 = 0x00;
    XBR2 = 0x40;
    XBR3 = 0x01;
//管脚输出配置,P0 口为开漏输出,其中 P0.6 接上拉电阻,P0 为数字输入口
    SFRPAGE = 0x0F;
    P0MDOUT = 0x00;
    P1MDIN = 0xFF;
//晶振配置,采用内部晶振 8 分频
    SFRPAGE = 0x0F;
    CLKSEL = 0x00;
    OSCXCN = 0x00;
    OSCICN = 0x84;
}
void main(){
    char i;
    config();
    smbus_cfg(0x40,0xf1,0x70);
    EA=1;//打开全局中断
    smbusMasterStart();//主机发送起始位
    while(1);
}
void int0() interrupt 0{
}
void int1() interrupt 1{
}
void int2() interrupt 2{
}
void int3() interrupt 3{
}
```

```
void int4() interrupt 4{
}
void int5() interrupt 5{
}
void int6() interrupt 6{
}
void smbusInt() interrupt 7{//smbus 中断,此中断只考虑关键状态处理以便调试
    SFRPAGE=0x00;
    if(SMB0STA==0x08){//起始位发送成功
    SMB0DAT=S_AD_W;//将地址和写控制装入发送缓冲区
    k=1;
STA=0;//将 STA 清零,注意,若不清零则将一直为重发状态
}
    if(SMB0STA==0x28||SMB0STA==0x18){//数据或地址发送成功处理
if(k>=7)
STO=1;//数据发送完毕,将 STO 置 1,结束发送
if(k==1)
SMB0DAT=0x30;//发送第一个调试数据
if(k==2)
SMB0DAT=0x31;
if(k==3)
SMB0DAT=0x32;
if(k==4)
SMB0DAT=0x33;
if(k==5)
SMB0DAT=0x34;
if(k==6)
SMB0DAT=0x35;//一共发送 6 个数据
k++;
    }
    if(SMB0STA==0x10){
```

```
    //若处于重发状态,则将从机地址和写控制重新发送,并将 STA 清零
SMB0DAT=0x6e;
STA=0;
    }
SI=0;
}
```

参 考 文 献

[1] ALDERSLEY A,MURRAY S J,CORNELL S E. Global and regional analysis of climate and human drivers of wildfire[J]. The Science of the Total Environment, 2011,409(18):3472-3481.

[2] 刘璐.电气火灾监控系统在智慧消防中的应用[J].今日消防,2020,5(12):4-5.

[3] 公安部消防局.中国火灾统计年鉴 2019[M].北京:中国人事出版社,2020.

[4] 公安部消防局.中国火灾统计年鉴 2020[M].北京:中国人事出版社,2021.

[5] 公安部消防局.中国火灾统计年鉴 2021[M].北京:中国人事出版社,2022.

[6] 深圳应急管理.警示｜深圳一起火灾致 1 死 3 伤,起火原因系电表箱线路短路引发 [EB/OL].（2021-02-27）. https://www. sznews. com/content/mb/2021-02/27/ content_24003634. htm.

[7] 罗云庆,何泰健.供电线路中电弧性短路检测技术探讨[J].消防科学与技术,2018, 37(11):1557-1559.

[8] TAM W C,FU E Y,PEACOCK R,et al. Generating synthetic sensor data to facilitate machine learning paradigm for prediction of building fire hazard[J]. Fire Technology,2023,59(6):3027-3048.

[9] 李进菊,张颖,胡奕山.基于隧道光纤光栅感温火灾报警系统增设实时温度采集子系统[J].中国交通信息化,2020,(S1):159-160.

[10] 曹振.综合管廊线型光纤感温火灾探测器应用简析[J].建筑电气,2020,39(6): 53-56.

[11] WANG J,TAM W C,JIA Y W,et al. P-Flash - A Machine Learning-based Model for Flashover Prediction using Recovered Temperature Data[J]. Fire Safety Journal,2021:122.

［12］WANG H F,ZHANG Y,FAN X. Rapid early fire smoke detection system using slope fitting in video image histogram［J］. Fire Technology,2020,56(2):695-714.

［13］SHENG D L,DENG J L,XIANG J W. Automatic smoke detection based on SLIC-DBSCAN enhanced convolutional neural network［J］. IEEE Access,2021,9:63933-63942.

［14］GAO Y,CHENG P L. Forest fire smoke detection based on visual smoke root and diffusion model［J］. Fire Technology,2019,55(5):1801-1826.

［15］WANG Z W,ZHENG C G,YIN J Y,et al. A semantic segmentation method for early forest fire smoke based on concentration weighting［J］. Electronics,2021,10(21):2675.

［16］JANG H Y,HWANG C H. Obscuration threshold database construction of smoke detectors for various combustibles［J］. Sensors,2020,20(21):6272.

［17］郑荣. 基于不对称比的飞机货舱抗干扰烟雾探测技术研究［D］. 合肥:中国科学技术大学,2020.

［18］DENG L,CHEN Q,HE Y H,et al. Detection of smoke from infrared image frames in the aircraft cargoes［J］. International Journal of Distributed Sensor Networks,2021,17(4):155014772110098.

［19］SOO-YOUNG JEONG AND WON-HO KIM. Thermal imaging fire detection algorithm with minimal false detection［J］. KSII Transactions on Internet and Information Systems,2020,14(5):2156-2170

［20］周璟军. 城市道路隧道点型红外火焰与图像型火灾探测比较分析［J］. 交通科技,2020(6):128-129.

［21］GOVIL K,WELCH M L,BALL J T,et al. Preliminary results from a wildfire detection system using deep learning on remote camera images［J］. Remote Sensing,2020,12(1):166.

［22］党敬民,于海业,宋芳,等. 应用于早期火灾探测的 CO 传感器［J］. 光学精密工程,2018,26(08):1876-1881.

［23］SOLÓRZANO A,EICHMANN J,FERNÁNDEZ L,et al. Early fire detection based on gas sensor arrays:Multivariate calibration and validation［J］. Sensors and Actuators B:Chemical,2022,352:130961.

［24］谌文佳,易建新. PVC 电缆火灾早期特征气体的组成分析和传感器探测［J］. 火灾

科学,2019,28(2):94-100.

[25] 毛栋,薛贺.红外测温诊断技术在变电运行维护中的应用[J].数字通信世界,2020(1):208.

[26] PANNEK C,VETTER T,OPPMANN M,et al. Highly sensitive reflection based colorimetric gas sensor to detect CO in realistic fire scenarios[J]. Sensors and Actuators B:Chemical,2020,306:127572.

[27] 黄圆明,徐泽.基于DSP的多传感器信息融合的厨房火灾检测系统[J].科学技术创新,2020(11):51-53.

[28] 张鸿.工业挥发性有机物VOCs的危害及防治措施的对比研究.现代工业经济和信息化,2021,11(9):176-177+182.

[29] WANG X L,ZHOU H,ARNOTT W P,et al. Evaluation of gas and particle sensors for detecting spacecraft-relevant fire emissions[J]. Fire Safety Journal,2020,113:102977.

[30] 张自来,杜世强,葛冰,等.声音信号在贫油预混预蒸发振荡燃烧分析中的应用[J].动力工程学报,2018,38(2):114-119.

[31] MASOUMI S,BAUM T C,EBRAHIMI A,et al. Reflection measurement of fire over microwave band:a promising active method for forest fire detection[J]. IEEE Sensors Journal,2021,21(3):2891-2898.

[32] 李琪.基于红外热像技术的自动消防设备开发[J].机电信息,2019(21):83-83.

[33] 林镇钰,王东亚,刘芳.低压框架式断路器保护误动分析与升级改造[J].广西电力,2020,43(6):71-75.

[34] 林雄文.低压配电系统接地型式与剩余电流动作保护装置的应用[J].科学技术创新,2019,(18):170-171.

[35] PERMINOV V A,MARZAEVA V I. Mathematical modeling of crown forest fire spread in the presence of fire breaks and barriers of finite size[J]. Combustion, Explosion,and Shock Waves,2020,56(3):332-343.

[36] NAKANISHI S,NOMURA J,KURIO T,et al. Intelligent fire warning system using fuzzy theory[J]. Journal of Japan Society for Fuzzy Theory and Systems,1993,5(1):95-107.

[37] NAKANISHI S,NOMURA J,KURIO T,et al. Intelligent fire warning system using fuzzy theory[J]. Journal of Japan Society for Fuzzy Theory and Systems,

1993,5:95-107.

[38] 李卫高,赵望达.神经网络与模糊逻辑在火灾探测报警系统中的应用[J].湖南文理学院学报(自然科学版),2018,30(2):39-43.

[39] 陆莹,张宇.基于多传感器信息融合的火灾探测研究[J].消防界(电子版),2019,5(01):60-61.

[40] LULE E,MIKEKA C,NGENZI A,et al. Design of an IoT-based fuzzy approximation prediction model for early fire detection to aid public safety and control in the local urban markets[J]. Symmetry,2020,12(9):1391.

[41] MUDULI L,MISHRA D P,JANA P K. Optimized fuzzy logic-based fire monitoring in underground coal mines:binary particle swarm optimization approach[J]. IEEE Systems Journal,2020,14(2):3039-3046.

[42] 苏醒,李鸿,姜俊彤.基于CAN和模糊推理的一款地铁列车火灾报警系统的设计与仿真研究[J].计算机应用与软件,2021,38(6):94-97.

[43] 崔莉,姜滨.基于信息融合和模糊神经网络的火灾检测系统[J].数字技术与应用,2019,37(06):127-128.

[44] KIM,YOUNG JIN,KIM,WON TAE. S-FDS:a Smart Fire Detection System based on the Integration of Fuzzy Logic and Deep Learning[J]. Journal of the Institute of Electronics and Information Engineers,2017,54(4):50-58.

[45] KIM D E,LEE H J,SHON J G,et al. Modified expert inference method of power substation monitoring system based on expansion of multi-sensor utilization for fire discrimination[J]. Journal of Electrical Engineering & Technology,2019,14(3):1385-1393.

[46] 刘国满,盛敬,李志和.基于模糊C均值聚类法检测发动机舱火灾[J].消防科学与技术,2017,36(5):721-724.

[47] LI H,YANG J. Design of distributed WSNs fire remote monitoring system based on fuzzy algorithm[J]. Journal of Intelligent & Fuzzy Systems,2021,41(3):4319-4326.

[48] YAN X F,CHENG H,ZHAO Y D,et al. Real-time identification of smoldering and flaming combustion phases in forest using a wireless sensor network-based multi-sensor system and artificial neural network[J]. Sensors,2016,16(8):1228.

[49] PEREIRA-PIRES J E,AUBARD V,RIBEIRO R A,et al. Semi-automatic method-

ology for fire break maintenance operations detection with sentinel-2 imagery and artificial neural network[J]. Remote Sensing,2020,12(6):909.

[50] OKAYAMA Y,ITO T,SASAKI T. Design of neural net to detect early stage of fire and evaluation by using real sensors' data[J]. Fire Safety Science,1994,4:751-759.

[51] PAN H Y,BADAWI D,ZHANG X,et al. Additive neural network for forest fire detection[J]. Signal,Image and Video Processing,2020,14(4):675-682.

[53] PENG Y S,WANG Y. Real-time forest smoke detection using hand-designed features and deep learning[J]. Computers and Electronics in Agriculture,2019,167:105029.

[52] SAEED F,PAUL A,KARTHIGAIKUMAR P,et al. Convolutional neural network based early fire detection[J]. Multimedia Tools and Applications,2020,79(13):9083-9099.

[53] PENG Y S,WANG Y. Real-time forest smoke detection using hand-designed features and deep learning[J]. Computers and Electronics in Agriculture,2019,167:105029.

[54] 邓佳康.基于傅立叶变换和BP神经网络的电气火灾检测方法[J].电子世界,2019(6):181-182.

[55] MUHAMMAD K,KHAN S,ELHOSENY M,et al. Efficient fire detection for uncertain surveillance environment[J]. IEEE Transactions on Industrial Informatics,2019,15(5):3113-3122.

[56] 徐梓涵,刘军,张苏沛,等.一种基于MobileNet的火灾烟雾检测方法[J].武汉工程大学学报,2019,41(6):580-585.

[57] PARK M,KO B C. Two-step real-time night-time fire detection in an urban environment using static ELASTIC-YOLOv3 and temporal fire-tube[J]. Sensors,2020,20(8):2202.

[58] SUN X F,SUN L P,HUANG Y L. Forest fire smoke recognition based on convolutional neural network[J]. Journal of Forestry Research,2021,32(5):1921-1927.

[59] 许春芳,乔元健,李军.基于LSTM和RBF-BP深度学习模型的火灾预测方法[J].齐鲁工业大学学报,2020,34(3):53-59.

[60] 张坚鑫,郭四稳,张国兰,等.基于多尺度特征融合的火灾检测模型[J].郑州大学学

报(工学版),2021,42(5):13-18.

[61] 曾思通,童晓薇.基于 ZigBee 的建筑火灾检测系统设计[J].电子质量,2020(10): 23-28.

[62] 杨柳,张德,王亚慧.一种新型的城市火灾检测方法[J].现代电子技术,2019,41 (10):141-145.

[63] 杨雨卓.基于图像处理的森林火险检测系统[J].电子世界,2018(16):19-20.

[64] 王心瑜.图像处理在火灾检测和消防报警中的应用研究[J].今日消防,2019,4 (05):22-23.

[65] 崔秉成,程乃伟,赵鹏.基于 matlab 的烟雾图像检测方法探究[J].科学技术创新, 2019,(28):98-99.

[66] 刘兆春,王学花,王晨旸,等.基于双光谱图像处理的林火监控应用研究[J].滁州学 院学报,2020,22(5):43-47.

[67] 蒋珍存,温晓静,董正心,等.基于深度学习的 VGG16 图像型火灾探测方法研究 [J].消防科学与技术,2021,40(3):375-377.

[68] 何爱龙,陈美娟.基于多特征融合的视频火灾检测方法[J].软件导刊,2020,19(7): 198-203.

[69] SHARMA A,SINGH P K,KUMAR Y. An integrated fire detection system using IoT and image processing technique for smart cities[J]. Sustainable Cities and So- ciety,2020,61:102332.

[70] LI F,LI J L,LIU X Y,et al. Coal fire detection and evolution of trend analysis based on CBERS-04 thermal infrared imagery[J]. Environmental Earth Sciences, 2020,79(16):384.

[71] BAE MOON C, MAN KIM B, KIM D S. Real-time parallel image-processing scheme for a fire-control system[J]. IEIE Transactions on Smart Processing & Computing,2019,8(1):27-35.

[72] 李宝学.基于有色金属材料革新的建筑电气阻燃耐火电线电缆设计:评《新编有色 金属材料手册》[J].锻压技术,2021,46(6):239-240.

[73] 张经毅,吴云亮.浅析阻燃和耐火电线电缆应用的电气设计[J].建材与装饰,2019, (02):220-221.

[74] 韩佳.基于二氧化锡半导体气体传感器的 PVC 电缆火灾早期探测[D].合肥:中国 科学技术大学,2020.

[75] KACZOREK-CHROBAK K,FANGRAT J. Combustible material content vs. fire properties of electric cables[J]. Energies,2020,13(23):6172.

[76] 王启龙,王博文,管红立,等.低压交流串联故障电弧模型及实验[J].电力系统及其自动化学报,2018,30(2):26-29.

[77] 王林华,孙岩洲,董克亮,等.微间隙气体放电击穿过程分析[J].电子器件,2020,43(6):1197-1202.

[78] 向川,王惠,史鹏飞,等.基于改进脉冲耦合神经网络模型的 真空电弧燃烧过程研究[J].电工技术学报,2019,34(19):4028-4037.

[79] KIM J C,NEACŞU D O,BALL R,et al. Clearing series AC arc faults and avoiding false alarms using only voltage waveforms[J]. IEEE Transactions on Power Delivery,2020,35(2):946-956.

[80] YARAMASU A,CAO Y N,LIU G J,et al. Aircraft electric system intermittent arc fault detection and location[J]. IEEE Transactions on Aerospace and Electronic Systems,2015,51(1):40-51.

[81] ARTALE G,CATALIOTTI A,COSENTINO V,et al. Arc fault detection method based on CZT low-frequency harmonic current analysis[J]. IEEE Transactions on Instrumentation and Measurement,2017,66(5):888-896.

[82] LU S B,PHUNG B T,ZHANG D M. A comprehensive review on DC arc faults and their diagnosis methods in photovoltaic systems[J]. Renewable and Sustainable Energy Reviews,2018,89:88-98.

[83] ZHANG Z Y,NIE Y M,LEE W J. Approach of voltage characteristics modeling for medium-low-voltage arc fault in short gaps[J]. IEEE Transactions on Industry Applications,2019,55(3):2281-2289.

[84] KIM Y J,KIM H. Modeling for series arc of DC circuit breaker[J]. IEEE Transactions on Industry Applications,2019,55(2):1202-1207.

[85] LI W L,HE K,LIU W J,et al. A fast arc fault detection method for AC solid state power controllers in MEA[J]. Chinese Journal of Aeronautics, 2018, 31 (5): 1119-1129.

[86] XIA K,ZHANG Z H,LIU B Z,et al. Data-enhanced machine recognition model of DC serial arc in electric vehicle power system[J]. IET Power Electronics,2020,13(19):4677-4684.

[87] YIN Z D,WANG L,ZHANG Y J,et al. A novel arc fault detection method integrated random forest, improved multi-scale permutation entropy and wavelet packet transform[J]. Electronics,2019,8(4):396.

[88] JI H K,WANG G M,KIL G S. Optimal detection and identification of DC series arc in power distribution system on shipboards[J]. Energies,2020,13(22):5973.

[89] QU N,CHEN J T,ZUO J K,et al. PSO-SOM neural network algorithm for series arc fault detection[J]. Advances in Mathematical Physics,2020,2020:6721909.

[90] WANG Y K,ZHANG F,ZHANG X H,et al. Series AC arc fault detection method based on hybrid time and frequency analysis and fully connected neural network [J]. IEEE Transactions on Industrial Informatics,2019,15(12):6210-6219.

[91] GU J C,LAI D S,WANG J M,et al. Design of a DC series arc fault detector for photovoltaic system protection[J]. IEEE Transactions on Industry Applications,2019,55(3):2464-2471.

[92] QU N,ZUO J K,CHEN J T,et al. Series arc fault detection of indoor power distribution system based on LVQ-NN and PSO-SVM[J]. IEEE Access,2019,7:184020-184028.

[93] CHO CHAN-GI,AHN JAE-BEOM,LEE JIN-HAN. Arc Detection Performance and Processing Speed Improvement of Discrete Wavelet Transform Algorithm for Photovoltaic Series Arc Fault Detector[J]. The Transactions of the Korean Institute of Power Electronics,2021,26(1):32-37.

[94] 江润,方艳东,鲍光海,等. 适用于低压串联故障电弧的 Mayr 改进模型[J]. 电器与能效管理技术,2019(21):14-18.

[95] 鲍光海,江润. 基于磁通不对称分布的串联电弧故障检测研究[J]. 仪器仪表学报,2019,40(3):54-61.

[96] KANATOV I,KAPLUN D,BUTUSOV D,et al. One technique to enhance the resolution of discrete Fourier transform[J]. Electronics,2019,8(3):330.

[97] SHEN Y L,WAI R J. Wavelet-analysis-based singular-value-decomposition algorithm for weak arc fault detection via current amplitude normalization[J]. IEEE Access,2021,9:71535-71552.

[98] LI Q,JI X,YANG J G,et al. Stability analysis for SiC grinding based upon harmonic wavelet and Lipschitz exponent[J]. Machining Science and Technology,

2019,23(5):669-687.

[99] 卢永芳,卢珂,张玉均.基于信息融合的配电柜故障电弧预警系统研究[J].科学技术与工程,2013,13(3):735-738.

[100] 李洋,赵鸣,徐梦瑶,等.多源信息融合技术研究综述[J].智能计算机与应用,2019,9(5):186-189.

[101] 张海军,陈映辉.融合显著性注意机制火灾探测与识别[J].消防科学与技术,2020,39(11):1536-1541.

[102] ZHANG X,HOU X S,WANG Y,et al. Study on flame characteristics of low heat value gas[J]. Energy Conversion and Management,2019,196:344-353.

[103] PARTO F,SARADJIAN M,HOMAYOUNI S. MODIS brightness temperature change-based forest fire monitoring[J]. Journal of the Indian Society of Remote Sensing,2020,48(1):163-169.

[104] 王静,裴迎公.基于正交基神经网络的火灾探测器及报警系统的可靠性研究[J].太原学院学报(自然科学版),2019,37(1):70-75.

[105] 疏学明,郑魁,袁宏永,等.火灾标准火烟雾颗粒测量及粒径尺度分布函数研究[J].中国工程科学,2005,7(8):51-55.

[106] 公安部.点型感烟火灾探测器:GB 4715—2005[S].北京:中国标准出版社,2005.

[107] 李士勇.模糊控制[M].哈尔滨:哈尔滨工业大学出版社,2011.

[108] 黄明明,黄全振,孙清原.基于模糊推理的智能家居安防系统设计[J].河南工程学院学报(自然科学版),2019,31(4):54-58.

[109] CHING H. Fuzzy logic:the genius of lofti zadeh[my view][J]. IEEE Industrial Electronics Magazine,2017,11(4):6-37.

[110] CHOI K,LIU H P. Problem-based learning in communication systems using MATLAB and simulink[J]. IEEE,2016:1-15.

[111] KIRAN GUNNAM;MOHAMMAD VAHIDFAR. Equalization and A/D Conversion for High-Speed Links[M]. River Publishers,2017:147-191.

[112] FONGJUN T,TANTAWORRASILP A,KWANSUD P,et al. Automatic multi channel serial I/O interface using FPGA[C]//SICE Annual Conference. Tokyo,Japan. IEEE,2011:864-867.

[113] 陈碧海,程宝进,李勇.基于C8051F060单片机的精密数字压力表设计[J].遥测遥控,2019,40(4):71-74.

[114] LEE S,JUNG G,SHIN S,et al. The optimal design of high-powered power supply modules for wireless power transferred train[C]//2012 Electrical Systems for Aircraft,Railway and Ship Propulsion. Bologna,Italy. IEEE,2012:1-4.

[115] 周美兰,黄锋涛. 升压型零电压转换 PWM 电路研究与仿真[J]. 黑龙江大学自然科学学报,2019,36(4):492-497.

[116] 赵明. 基于 LabWindows/CVI 的自动化测试系统软件设计与实现[D]. 吉林大学,2016.

[117] 曲学基. 稳定电源实用手册[M]. 北京:电子工业出版社,1994.

[118] 郭飞,刘艳芳. 基于 LabWindows/CVI 的多线程技术研究[J]. 仪表技术,2015(4):35-37.